全球123國

海軍戰力
完整絕密收錄

柿谷哲也 著

序 言

全球194國之中，本書囊括了擁有海軍或艦艇可以運用的國家（聯合國加盟國），以及雖然是日本的鄰國卻不是聯合國加盟國的台灣（中華民國），總計123國的海軍戰力。在每一篇專文中，將提供概要解說、照片、海軍旗（Ensign）、配備軍艦數量等，並且搭配雷達圖表作為評比標準。有些國家的海軍會在網路上建置網站，介紹海軍組織和近期活動，也有些海軍把持有的艦艇名稱和數量都公布在網站上。不過，大多數國家並不會如實公布海軍正確的艦艇數目，有些海軍網站則是疏於更新，資訊都停留在好幾年前的狀態。本書是以各種資料與文獻來驗證艦艇數量，並且追加最新情報。再者，海岸防衛隊並不納入本書討論，但也有些國家會把海警納入海軍之中。還有，各國將老舊軍艦歸為「保存」、「預備役」狀態，解釋也各自不同，所以配備艦艇數量這一項目只能夠當作參考。至於書中刊載的照片，都是從該國軍艦中挑選出來的，輔以說明文字、配備數量等資訊，盡可能讓讀者們更有實感地閱讀這本書。本書能夠刊印出版，協助調查資料的編輯部、工作人員、以及編撰文案的眾多人士都功不可沒，本人在此一併致謝。

柿谷哲也

2014年9月

▶數據的判讀方式

「**攻擊力**」取決於艦艇搭載的武器及種類，即使是小國海軍僅配備1艘巡邏艇，也列入最低階的「1」分。「**防禦力**」是指反潛艦艇、防空艦艇、掃雷作戰能力。「**支援力**」是補給艦、戰鬥支援艦的艦艇與規模。「**兩棲戰力**」是兩棲突擊艦等登陸艦艇。小國海軍即使只配備1艘LCM登陸艇，也列入最低階的「1」分。「**航空戰力**」指航艦艦載機、水面戰鬥艦搭載的巡邏直升機，隸屬於海軍的陸基巡邏機和戰鬥機也計算在內。另外，海軍戰力數據中「大型戰鬥艦」指的是各國持有的巡洋艦（Cruiser）、驅逐艦（Destroyer）、巡防艦（Frigate）的總數。「小型戰鬥艦」包括各國持有的巡邏艦（Corvette）、近海戰鬥艦、飛彈快艇、巡邏艇、快艇、砲艇等配備武裝的水面戰鬥艦艇。依此計算出艦艇總數。

＊海軍戰力數據中的總數，並不是特定艦艇的總數。

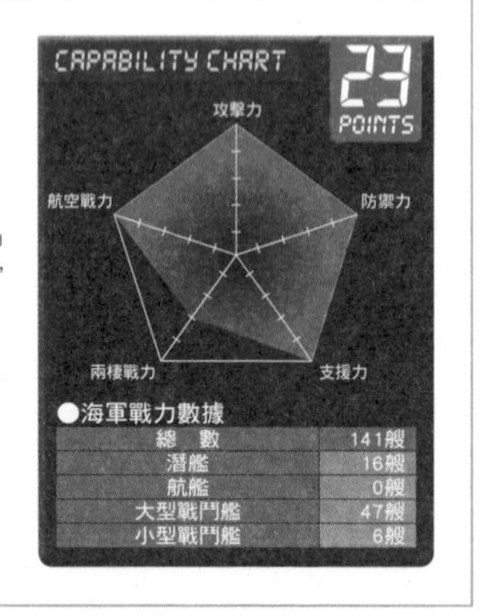

寫真滿載

世界海軍圖鑑

全球123國海軍戰力完整絕密收錄

Contents

Section1 東亞地區 19

Section2 北美洲 49

Section3 歐洲 59

Section4 西亞地區 97

Section5 非洲 119

Section6 中美洲 155

Section7 南美洲 165

Section 8 大洋洲 179

卷頭特集

Strategic Column

卷頭特集

世界最大的海軍演習
剖析環太平洋2014

在夏威夷近海實施的環太平洋聯合演習RIMPAC 2014，是全球最大的海軍演習。照片中是參與演習的美國航艦雷根號，後續是海上自衛隊護衛艦伊勢號，以及美國海軍兩棲突擊艦貝里琉號。
照片來源：美國海軍

世界最大的海軍演習

剖析環太平洋2014

美國海軍第3艦隊每兩年就會在夏威夷近海舉辦一次多國聯合演習，邀請日本及太平洋各國共襄盛舉，演習名為多國環太平洋聯合演習RIMPAC（Rim of the Pacific Exercise）。從2014年6月26日開始、總計5週的環太平洋2014，共有22個國家、49艘艦艇、200架以上的飛機參加，成為全球規模最大的海軍演習。日本的海上自衛隊從1980年起就參與環太平洋演習， 2014年是第18次參加。這次派遣的包括神盾（Aegis）護衛艦霧島號和直升機母艦型護衛艦伊勢號，此外，陸上自衛隊也是初次參加。

艦隊集結在珍珠港

RIMPAC的據點是在美國第3艦隊防區內的夏威夷・歐胡島珍珠港基地。在珍珠港內，可以看到過去日本海軍奇襲珍珠港時被擊沉的亞利桑那號戰艦留下的「亞利桑那號紀念館」，還有二次大戰時曾用魚雷擊沉載滿了疏散學童的對馬丸潛艦弓鰭

集結在珍珠港的各國軍艦。左起依序是智利海軍的海軍上將布朗柯・恩卡拉達號（Almirante Blanco Encalada）、美國海軍霞飛號（Chafee）、挪威海軍弗利喬夫・南森號（Fridtjof Nansen）、美國海軍皇家港號（Port Royal）、美國海軍拉森號（Lassen）、加拿大海軍卡加利號（Calgary）、海上自衛隊伊勢號。前排依序是中國海軍海口號、岱山島號、千島湖號，美國海軍藍尼爾號（Rainier）、美國陸軍哈洛德C克林格號（Harold C. Clinger）。

照片來源：海上自衛隊

前部甲板的Mk41VLS朝AQM-37C高速靶機發射SM-2標準防空飛彈。

魚號及「弓鰭魚號博物館」，還有日本無條件投降時，駛入東京灣橫浜港近海受降的密蘇里號戰艦的「密蘇里號紀念館」。對夏威夷來說，珍珠港可說是重要的觀光資源與經濟支柱，同時，也是美國遠東戰略重鎮，中東戰區的出擊據點。環太平洋各國的海軍、陸戰隊等都集結到這個太平洋的中心，向美軍學習最新銳的戰術，趁此機會訓練部隊，提升各自的戰術技能。所有參與國的海軍年輕官兵也在此磨練技術，與外國海軍交流，加強國際化觀念。當然，也能夠在此看到過去日本海軍與美國海軍激戰的軍事史，是個絕佳的學習地點。

護衛艦霧島號發射防空飛彈

在RIMPAC演習的「實彈射擊項目」中，水面戰鬥艦可以用艦上搭載的防空飛彈、反艦飛彈、火砲武器。潛艦可使用魚雷，巡邏機可以用機上掛載的反艦飛彈等實彈武器來射擊標靶。地點就在考艾島近海的太平洋飛彈射擊海域（PMRF）。這裡有許多靶機靶船，讓軍艦能夠調整發射飛彈、魚雷的精密計算裝置。日本長年以來都利用這些設施來提升艦隊技能，不過，想用這些設施必須付出使用費給美國。有些國家會像日本一樣發射許多飛彈，也有些國家只使用那些不必花錢的主砲射擊標靶。

美國空軍F-16C戰鬥機，掛載著提供給霧島號防空射擊用的AQM-37C高速靶機。扮演敵軍長程轟炸機與反艦飛彈的角色。

這次海上自衛隊在實彈射擊訓練中，霧島號投入了防空作戰訓練，使用SM-2標準防空飛彈、127mm砲、20mmCIWS進行實彈射擊。SM-2的射擊目標包含美國空軍第125戰鬥機中隊的F-16C所發射的2架AQM-37C靶機、以及2架陸基發射型BQM-74E次音速靶機。面對這些以不同高度與速度接近的目標，霧島號都成功地偵測並擊落。

伊勢號參與人道支援・災害派遣訓練

在RIMPAC 2014期間，日本海上自衛隊護衛艦伊勢號、紐西蘭多用途艦坎特伯里號（Canterbury）、美國海軍醫療艦慈悲號（Mercy）等，參與了人道支援・災害派遣的訓練。在訓練中，伊勢號為了搬運醫療物資，允許美國陸軍、海軍的直升機降落在甲板上，使用艦上的醫療設施為傷患治療。這個訓練的起源是為颱風受災地提供迅速且有效的國際協助而立案，並付諸測試加以驗證。而負責統合訓練的則是海上自衛隊的指揮官。

自古以來，海軍戰力就不僅僅具備行使武力的功用，同時也是提供災難救援的有效戰力，這早已經過實證。尤其是需要多國合作因應的大規模災害，必須要讓指揮命令體系和救災船艦順利的投入災區。RIMPAC提供了平時人道支援・災害派遣的訓練機會，讓各國能夠在真正緊急時發揮救助能力。

海上自衛隊護衛艦伊勢號和正要降落的美國海軍MH-60S。

首次參與環太平洋演習的中國海軍

在美國海軍的邀請下，中國海軍派出052C型驅逐艦海口號、054A型巡防艦岳陽號、903型補給艦千島湖號、920型醫療艦岱山島號參加。尤其是模仿神盾艦建造的防空艦別名「中華神盾」，相當受到矚目。在RIMPAC期間，中國與日本沒有任何交流，但是和美國海軍實施了船舶登船檢查的訓練，此外，還在PMRF海域進行了主砲的實彈射擊訓練。另一方面，中國海軍的情報蒐集艦北極星號來到夏威夷海域，蒐集各國艦艇間的電波傳送資訊。中國政府聲稱這是「公海上的調查任務」，但是美國第3艦隊認定這是「違背禮儀」的行為，要求參與RIMPAC的中國艦隊指揮官出面説明，卻始終沒得到回應。過去在冷戰時期，蘇聯也曾派遣情報蒐集艦在珍珠港海域活動。俄羅斯海軍曾受邀參加2012年的RIMPAC，但是2014年則沒有受邀。

在歐胡島近海航行中的中國海軍驅逐艦海口號。特徵是上層結構上配置了4面346型相位陣列雷達。為了增強探測距離，在煙囪後方設置了517B型天線。設計上採用近年來歐洲廣泛採用的艦型，艦上有許多平面，艦艏則是裝上很長的舷牆，設計相當洗鍊。

環太平洋演習的登陸作戰

這次RIMPAC 2014演習中，日本陸上自衛隊也派遣了現役部隊參加，是來自於西部方面普通科連隊第1中隊為主幹的40名官兵。這支部隊和各國的陸戰隊一同搭上美國海軍兩棲艦貝里琉號（Peleliu），首先由直升機與鶚式對登陸地點實施偵察，貝里琉號等登陸艦艇則是由各國水面戰鬥艦來護衛。這次的RIMPAC中，海上自衛隊的護衛艦並沒有用於保衛登陸部隊，但是以前在RIMPAC 2006時，海上自衛隊的護衛艦曾經和各國艦艇合作，演練過登陸作戰中監視周邊空域和海域的任務。

日本防衛省有鑑於近年來日本周邊的國際情勢變化，預計要在平成30年（2018年）建置完成水陸機動團，以西部方面普通科連隊擔任水陸機動團第一連隊的骨幹。水陸機動團平時必須以海上自衛隊運輸艦，及將來的大型船塢型登陸艦為行動據點。

擴大範圍的環太平洋演習

RIMPAC演習起源於冷戰時期。當時美國與盟邦正在思考如何阻止蘇聯海軍搭載長程反艦飛彈的長距離轟炸機的攻擊，因此藉由聯合演習來研究可行戰術。後來冷戰結束後，參加國越來越多，RIMPAC也出現轉變，出現了兩棲作戰與人道支援、災害派遣等與當初目的不同的任務。美國第3艦隊為了讓太平洋周邊各國的海軍技能可以向上提升，邀請多國參與。以RIMPAC 2014來說，中國是初次參加，汶萊也是初次參加。另外，以前都會派陸戰隊參加的印尼，這次則派出了登陸艦參加演習，甚至連歐洲以前只派遣幕僚參與的挪威，也派出了巡防艦參加。使得RIMPAC一舉超越了NATO（北約）在大西洋上舉辦的演習規模，成為世界最大的海軍演習。根據計畫，2016年的RIMPAC將邀請菲律賓和祕魯的艦艇一同演訓。

多國聯合演習所兼具的外交含意

由美國海軍主辦的多國聯合演習次數很多，有時一年就舉辦了200次。大都是兩個國家派遣兩艘軍艦的等級，當然RIMPAC這種大規模演習也算是其中之一。在美國政府的盤算中，可以透過演習來加強兩國之間的

照片來源：柿谷哲也

RIMPAC最後一天，美國海軍兩棲突擊艦貝里琉號的CH-53E直升機載著日本陸自的偵察小艇，載著隊員們在登陸地點達成首次登陸，並進行偵察任務。之後陸續還有印尼、美國、澳洲、墨西哥的部隊登陸。

外交關係。參與多國聯合演習的各國海軍，能趁此機會提升艦艇官兵與指揮官的熟練度，並且對外展示海軍戰力及兩國關係，所以也算是一種外交戰略。對初次參與聯合演習的海軍，可以打著「親善訓練」的名號，對外展示兩國之間的新關係。再來是與人道支援相關的「搜索・救難訓練」，進入這個階段，表示兩國之間的關係更好，畢竟只有雙方海軍能夠緊密合作，才能達成救難任務。這樣的訓練就像是爬上階梯一般，最後雙方就能合作進行實彈射擊與登陸作戰等需要緊密聯繫的任務。這攸關著兩國之間的安全保障，所以跟政治息息相關。

日本和中國過去曾進行過「親善訓練」。和這回的RIMPAC一樣，兩國也都曾經參與巴基斯坦主辦的演習。但很可惜，即使參加同一個演習，兩國海軍仍舊缺乏交流，就海軍常識來說是相當異常的狀況。

照片來源：柿谷哲也

在珍珠港靠港的中國海軍驅逐艦海口號。後方是海上自衛隊護衛艦伊勢號。

駛入珍珠港的智利海軍．海軍上將布朗柯．恩卡拉達號。對西太平洋的海軍而言，能夠與南美洲的海軍交流訓練是很寶貴的機會。

照片來源：美國海軍

中國海軍醫療艦岱山島號。原本預定參加人道支援訓練，但是拒絕由日本指揮而取消任務。

照片來源：美國海軍

美國陸軍和空軍也有參加RIMPAC，就美國而言，RIMPAC具有多軍種綜合演習的功用。

照片來源：美國海軍

從美國本土前來參加的AH-64E阿帕契衛士式攻擊直升機，降落在兩棲突擊艦貝里琉號艦上。

照片來源：美國海軍

參與人道支援訓練任務的紐西蘭多用途艦坎特伯里號。

照片來源：美國海軍

PHOTEX可以訓練艦艇的通訊與航行技術。因為需要一起行動，從照片中就能看出各艦的基本的操控技能。
照片來源：美國海軍

參加艦艇齊聚一堂拍攝紀念照的「PHOTOEX」，參與演習的艦艇只有這一刻才會集合在一起，拍下這張具有宣傳意味的照片。
照片來源：美國海軍

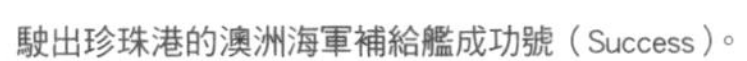

駛出珍珠港的澳洲海軍補給艦成功號（Success）。

照片來源：美國海軍

首次參加RIMPAC的汶萊海軍巡邏艦達魯拉曼號（DarulAman）。該國近年來積極出訪國外。

照片來源：美國海軍

中國海軍補給艦千島湖號。因為橫渡太平洋需要美國的補給艦補充燃料，所以中國自行建造了補給艦。
照片來源：美國海軍

登陸演習時載運車輛不可或缺的LCAC氣墊登陸艇因為沒有武裝，只能在友軍勢力範圍內活動。
照片來源：美國海軍

演習剛開始時，適逢美國獨立紀念日，珍珠港也放煙火慶祝。來參加的各國艦艇官兵都覺得盛大隆重。
照片來源：美國海軍

海上自衛隊的直升機母艦型護衛艦日向號。
照片來源：柿谷哲也

Section 1

全球123國海軍戰力完整絕密收錄

東亞地區

強化陸海空的統合運用，以更具彈性的防衛力為目標

日本海上自衛隊

Japan Maritime Self-Defense Force

愛宕級護衛艦愛宕號DDG 177，是海上自衛隊的第二型神盾艦。

海軍冷知識

自衛隊從未在實戰任務中發射一槍一砲。不過，1974年油輪第十雄洋丸發生火災，自衛隊因此派出護衛艦4艘、潛艦1艘、及P-2J巡邏機，執行「災害派遣」任務，使用火砲、火箭、魚雷將油輪擊沉

海上自衛隊（簡稱海自）是日本的海軍戰力。在陸海空自衛隊總兵力240000人之中，有45000人左右隸屬於海上自衛隊。艦艇（含支援艦艇）共有141艘，此外還有拖船、巡邏艇等支援艇。海上自衛隊的艦艇部隊大致區分為護衛艦隊和潛水艦隊兩部分。

護衛艦隊轄下有4個護衛隊群，每個護衛隊群轄下有2個護衛隊（總計8個護衛隊），每個護衛隊由4艘護衛艦組成。各護衛隊分別配置在橫須賀、吳、佐世保、舞鶴、大湊等基地，平時對日本周邊海域執行監視警戒活動，有需要時會派往海外參與國際援助任務。

潛水艦隊轄下有2個潛水隊群，每個潛水隊群轄下有2～3個潛水隊（潛水隊總計有5個），每個潛水隊由3艘潛艦組成。雖然每個潛水隊指揮3艘潛艦，但每艘潛艦的任務區都是各自獨立的。潛艦號稱海軍武器

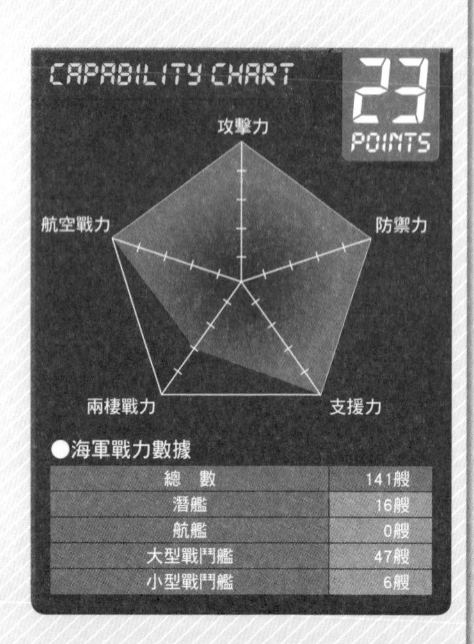

●海軍戰力數據

總　數	141艘
潛艦	16艘
航艦	0艘
大型戰鬥艦	47艘
小型戰鬥艦	6艘

秋月型多用途護衛艦一號艦秋月號DD 115，是防空戰力經過強化的多用途護衛艦。

中威力最強的艦艇，即使單艦也能發揮十足的戰力。

海上自衛隊把驅逐艦或巡防艦等水面戰鬥艦統稱為「護衛艦」。最大的護衛艦日向級如果放在外國海軍中，會被歸類為直升機航艦，但日本仍舊稱之為「護衛艦」。2015年服役的出雲號是全長248m的「護衛艦」，但是比照外國標準，已經算是「航空母艦」了。

之所以要建造航艦型的護衛艦（DDH）（註1），是為了載運更多架能夠偵測、攻擊敵方潛艦的SH-60J與SH-60K巡邏直升機。在此以前，最大的護衛艦最多只能搭載3架直升機（他國驅逐艦通常只有1～2架），

使用FRP船體的掃雷艇江之島號MSC 604。

現在的DDH能搭載10架左右，得以執行更長期的持續巡邏任務。除了偵測軍艦之外，商船和敵方潛艦的行蹤也必須掌握，所以需要艦載的巡邏直升機與陸上基地（陸基）的巡邏機。海上自衛隊擁有的巡邏機、巡邏直升機、以及蒐集敵艦電波的電子戰機總計約有250架。

村雨級多用途護衛艦6號艦五月雨號DD 106。

4艘金剛級及2艘愛宕級護衛艦（DDG）（註2）是搭載著神盾武器系統的神盾艦。神盾是一種高性能的防空系統，使用SPY-1雷達（神盾雷達）偵測敵方飛機和反艦飛彈，並且用SM-2標準防空飛彈迎擊。為了防備北韓的彈道飛彈來襲，4艘金剛級都搭載著

海軍冷知識

海上自衛隊為了因應索馬利亞海盜問題，在二次大戰後首次在吉布地設置海外據點，配置2架P-3C巡邏機。陸上自衛隊則負責機場警備，護衛艦也停靠在吉布地的港口。

海軍冷知識

昭和50年（1975）左右，海上自衛隊內部對於是否需要「反潛航艦」爭論不休，因為擔心艦載直升機會全部被敵方的防空飛彈擊落，這也是後來亟需建造神盾艦的原因。

照片來源：柿谷哲也

2015年預定服役的直升機母艦型護衛艦出雲號DDH 183。

照片來源：柿谷哲也

日向級護衛艦伊勢號DDH 182。甲板上有4處直升機起降點。

照片來源：柿谷哲也

搭載著陸上自衛隊AH-64D攻擊直升機的日向號。

更加進化的「神盾BMD」，搭配攔截彈道飛彈用的SM-3彈道彈迎擊飛彈。

後續的2艘愛宕級也追加預算安裝了神盾BMD。再來是負責保護DDH與DDG的多用途護衛艦（DD）（註3），目前秋月級護衛艦已開始服役，當神盾艦正專注於BMD任務時，DD要肩負起艦隊的防空警戒重任。還有沿岸警備用、搭載著反艦飛彈的隼級飛彈快艇，能夠以44節（kt）高速行駛。

海上自衛隊的潛艦在全世界的傳統動

發射SM-2標準防空飛彈的金剛級護衛艦霧島號DDG 174。

力潛艦（非核動力潛艦）中算是大型的，而且隱匿性極佳。海上自衛隊配備的潛艦（SS）有11艘親潮級和5艘蒼龍級，蒼龍級為了提升長期潛航的能力，安裝了不依存大氣的絕氣推進系統（AIP）的史特林引擎。

海上自衛隊今後需要強化的是和陸上自衛隊的統合運用。現在為了提供運輸支援，配備了大隅級運輸艦3艘，日後將會建造更大型的運輸艦（類似美國海軍的兩棲突擊艦或船塢登陸艦），目標是增加任務彈性，和陸上自衛隊協同執行防衛島嶼任務。陸上自衛隊則是引進了水陸兩用裝甲車AAV、和傾斜旋翼機MV-22鶚式，這些載具都會搭載在海上自衛隊的新型運輸艦上。

浦賀級掃雷母艦豐後號MST 464。

大隅級運輸艦下北號LST 4002。

海軍冷知識

護衛艦上有女性乘員並不稀奇，不過，在日向級服役前，戰鬥艦裡並沒有設置女性居住區。神盾艦則是在改裝期間增設了女性專用區。

海軍冷知識

潛艦乘員得要長期待在海中執行作戰任務，幾乎很少上浮。所以和其他艦艇相比，潛艦的餐飲費比較多，搭配的菜色也多一道。

照片來源：柿谷哲也

平成十六年度（2004年）起開始配備的蒼龍級潛艦蒼龍號SS 501。

照片來源：柿谷哲也

正由補給艦摩周號AOE 425提供燃油補給的初雪級多用途護衛艦春雪號DD 128。

照片來源：柿谷哲也

搭載90式反艦飛彈的飛彈快艇熊鷹號。

照片來源：柿谷哲也

能夠直接駛上沙灘的氣墊登陸艇LCAC。

急速增強海軍，矢志成為西太平洋霸主

中國人民解放軍海軍

People's Liberation Army Navy

遼寧號是一艘訓練艦艇官兵及戰機飛行員用的訓練艦，目的是為將來推出的國產航艦培養人才。

海軍冷知識

遼寧號原本是由澳門企業為了當做賭場而向烏克蘭購買的，但也有人說收購航艦的企業根本就是紙上公司。據說因為進口文件不齊備而遭到共產黨沒收。

中國海軍是隸屬於中國共產黨人民解放軍轄下的海軍。人民解放軍的預算規模是全球第2，僅次於美國。而且，中國的軍事預算有許多隱匿之處，加上海軍自1990年代以後迅速引進新型武器，使得過去總是承接前蘇聯造舊式艦艇、登陸艇為主力的沿岸型海軍，迅速發展成擁有耐航性極佳的新型軍艦、高性能防空艦、大型登陸艦、以及航空母艦組成的遠洋型海軍。根據英國國際戰略研究所的分析，在2012年時，中國海軍已成為官兵255000人、艦艇469艘、飛機650架的大部隊。

中國海軍之中，有負責黃海海域的北海艦隊、負責中國東海海域的東海艦隊、還有負責中國南海海域的南海艦隊等3支艦隊。但各個艦隊有時會因應任務需求而編組任務部隊，就像美國海軍會編組特遣艦隊一樣。此外，還有受到共產黨政府直轄的094型

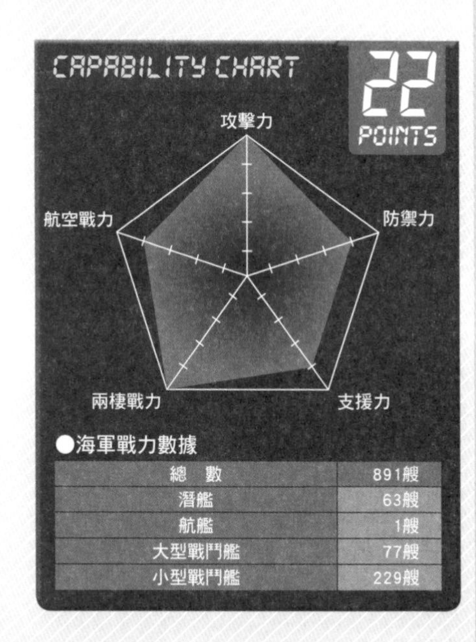

●海軍戰力數據

總　數	891艘
潛艦	63艘
航艦	1艘
大型戰鬥艦	77艘
小型戰鬥艦	229艘

可能是094型的戰略核動力潛艦。艦上搭載的飛彈足以消滅一整個城市。

海軍冷知識

核動力潛艦把基地設在濱海的洞窟內，目的是避免美國的偵察衛星探測監視。出港也刻意選擇在夜間或多雲的白天。

（晉級）戰略核動力潛艦3艘，能夠搭載潛射型彈道飛彈（核彈頭），這是不隸屬於艦隊指揮下的戰略部隊。

航艦方面，中國收購了前蘇聯建造中的航艦瓦良格號（Varyag），繼續建造並服役，成為遼寧號，目前是以培育國產航艦的艦載機專業人才為目標，當成訓練航空母艦。艦上搭載的J-15戰鬥機隸屬於海軍，此外，還擁有陸基的JH-7攻擊機等戰鬥機部隊。為了防衛航艦，艦隊配備了4艘052C型驅逐艦擔任防空艦，功能類似美國的神盾艦，搭載著國產的雷達。同時，更進一步演化的052D型也正在建造中。

053H3型巡防艦洛陽號，2005年服役。

以前，中國的海軍勢力分為共產黨的艦艇部隊與國民黨的海軍這兩部分，國民黨海軍的戰力較強。兩黨從1927年起就爆發戰鬥（國共內戰），在抗日戰爭期間曾暫停敵對，全力對抗日軍。到戰後，兩黨軍隊又再度爆發戰爭，繼續未完的對抗。當時兩黨都從舊日本海軍那裡取得了戰利艦，在地面戰爭中獲得壓倒性勝利的共產黨，將國民黨驅逐到台灣島。1949年，共產黨宣布創建中

072A型戰車登陸艦華頂山號。

中國擁有別名「中華神盾」的052C型驅逐艦海口號，擁有高度的防空戰力。

華人民共和國。同年開始建立人民解放軍海軍。中國曾在西沙群島和越南海軍爆發海戰，在南沙群島登陸菲律賓占領的島嶼，至今兩國仍處於緊張狀態。

同時，在釣魚台（尖閣諸島）一帶，中國海軍多次向與海上自衛隊展現敵對意識，甚至用射控雷達瞄準海上自衛隊的護衛艦，隨時有可能爆發戰鬥。

根據中國共產黨的宣傳機關所言，等到2020年時，中國海軍將會配備數艘航艦，以稱霸西太平洋為目標。每艘航艦都由052D型驅逐艦負責防空，還會將驅逐艦、巡防艦、以及補給艦納入航艦艦隊轄下，就像美國海軍運用航艦戰鬥群那樣。

2013年服役的054A型巡防艦岳陽號。

僅建造2艘的052B型驅逐艦廣州號。

海軍冷知識

052C型驅逐艦的雷達型號為348型。「神盾」最初是美軍開發出來的系統，所以「中華神盾」並非正式稱呼。

為了與北韓對抗，從沿岸型海軍迅速變身為遠洋型海軍

大韓民國海軍

Republic of Korea Navy

照片來源：柿谷哲也

世宗大王級神盾驅逐艦的2號艦栗谷李珥號。

海軍冷知識

觀光勝地濟州島正在建設大型海軍基地，港內計畫設置能夠停泊大型客輪的碼頭。一旦建成，將會成為全球很少見的軍民共用軍港。

韓國海軍擁有官兵68000人，持有艦艇約170艘、飛機50架左右。韓國配備了德國授權生產的4艘214型（孫元一級）潛艦、9艘209型（張保皐級）潛艦，都屬於傳統動力潛艦。驅逐艦包含搭載了神盾系統的3艘世宗大王級驅逐艦、6艘多用途驅逐艦忠武公李舜臣級、3艘廣開土大王級。自從採用神盾艦世宗大王級開始，韓國成為全球第5個配備神盾系統的海軍，而且世宗大王級艦上並不是配備美國製Mk41垂直發射系統（VLS），而是採用韓國國產的VLS。使得該級搭載的飛彈發射槽比美國神盾艦的128枚多出16枚，而且裝載的是國產的海星反艦飛彈，成為重武裝神盾艦。

韓國最大的軍艦是兩棲突擊艦獨島號，內部裝載著國產LSF-2級氣墊登陸艇2艘、以及海軍陸戰隊搭乘的KAAV-7水陸兩棲裝甲戰鬥車。雖然韓國希望能像美國一樣運用兩

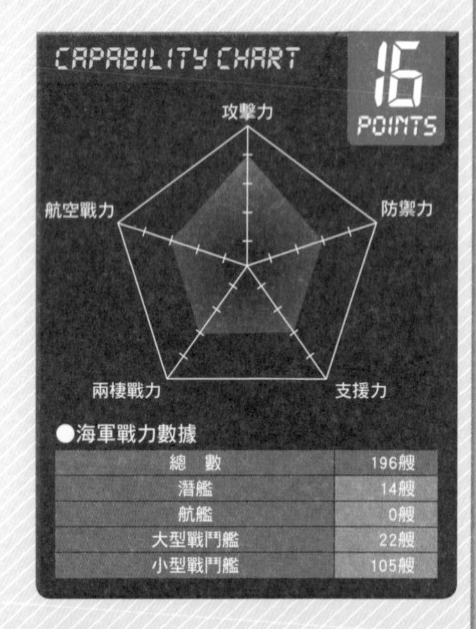

●海軍戰力數據

總　數	196艘
潛艦	14艘
航艦	0艘
大型戰鬥艦	22艘
小型戰鬥艦	105艘

張保皐級潛艦羅大用號。這是大宇重工獲得授權生產的。

棲突擊艦和陸戰隊，但是海軍的運輸直升機只有UH-60P多用途直升機，每架一次只能搭載10人。再者，直升機的旋翼沒有折疊收納設計，無法放進機庫內，這使得陸戰隊無法執行真正的突擊登陸作戰和直升機機降作戰。

此外，韓國海軍的戰鬥部隊還有P-3C與P-3CK巡邏機共16架，並且編組了海軍特種部隊UDT-SEAL，具備潛入北韓的能力（事實上真的執行過相關任務）。再者還有28000人的陸戰隊歸屬在海軍管轄之下，配備著K1A1戰車。

兩棲突擊艦獨島號。

實彈射擊中的浦項級巡邏艦麗水號。

韓國海軍戰力遠勝過北韓，就算是只計算巡邏艦、飛彈快艇、巡邏艇這3種艦艇的數目，也超過北韓110艘。但北韓工作船和潛艇曾入侵韓國海域，擊沉了巡邏艦天安號。朝鮮半島的安全保障當然不能忽略美國勢力，在1999年以前，韓國總是和日本海上自衛隊一起，和美國演訓。但2012年以後，日韓之間就再也沒有任何交流訓練了。

海軍冷知識

韓國常和俄羅斯以物易物做生意。例如海軍拿韓國製卡車交換到3艘鳶型氣墊船（俄羅斯名米雷那E型）。

放棄大型戰鬥艦，轉而加強特種作戰用小型艦艇

朝鮮人民軍海軍

Korean People's Army Naval Force

海軍冷知識

1993年，為了支援蘆洞飛彈發射，派遣羅津級巡防艦到日本海巡航，被日本海上自衛隊的P-3C發現，並拍下照片。可以看到甲板上有特別規劃區域用來種菜。

羅津級巡防艦531號。1993年前往支援蘆洞飛彈發射時，被海上自衛隊P-3C拍下照片。

朝鮮（北韓）人民軍海軍的兵力約有40000～60000人，艦艇約有700艘。雖然海軍持有2艘基準排水量1200噸的羅津級巡防艦，但是只有搭載CSS-N-1反艦飛彈、100mm砲2門、和57mm機砲等防空武器，是完全靠火砲武器來防空的舊式艦艇。至於蘇湖級（Soho）巡防艦據說是非常少見的雙船體巡防艦，但長久以來沒有人拍到照片，非常神祕。

直到最近，朝鮮中央通訊社才播映了它的外觀影片，讓人得以一窺真貌。雙船體的後半船身上方建造了飛行甲板，停著一架不明軍種的Mi-2運輸直升機。艦上搭載了4枚CSS-N-2反艦飛彈、RBU1200反潛火箭發射器2座、以及100mm砲等，看起來依舊是一艘缺乏防空武器的軍艦。

說到北韓海軍的主力，總是令人想到載運特種部隊和特工用的潛艇或快艇這類小艇。此外，還有半潛在水中的半潛水艇，據說也被歸類為快艇。朝鮮靠著這些載具運送特工突破韓國海軍警戒網，把人送到南韓沿

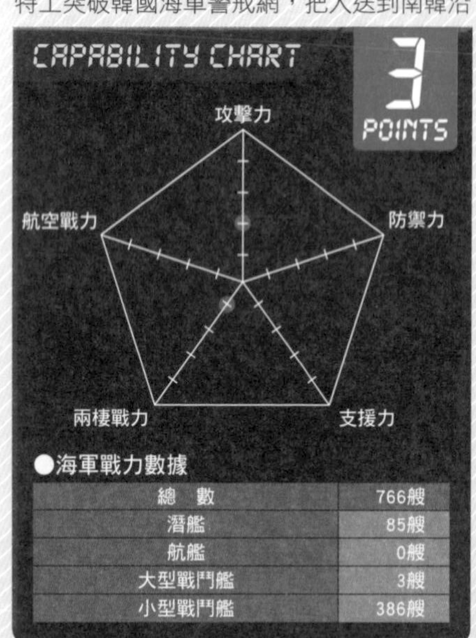

●海軍戰力數據

總　數	766艘
潛艦	85艘
航艦	0艘
大型戰鬥艦	3艘
小型戰鬥艦	386艘

1996年遭到韓國扣押的鮫級潛艇。

岸。在韓戰停戰後，韓國已經成功擊沉或擄獲這些小艇超過10次以上，但在此同時，從韓國國內抓到的特工卻也表示，有更多的特工用這種方法潛入了境內。

即使韓戰休戰，北韓仍舊數度與韓國艦艇交戰。1999年第一次延平海海戰中，曾有魚雷艇和巡邏艇遭韓國擊毀，但是在2002年的第二次海戰中，擊沉了一艘韓國巡邏艇。到了2010年，韓國海軍浦項級巡邏艦天安號遭到北韓潛艦用魚雷擊沉，但北韓從未正式承認。另外，北韓除海軍之外，還持有許多大小船艦，這是偵察局、以及勞動黨主導的海上聯絡所的特種任務用船。例如能登半島不明船隻事件和九州西方海域間諜船事件，都是使用漁船改造的武裝小艇。

北韓不詳的警備艇。

推測可能是上海II級的巡邏艇。

海軍冷知識

北韓祕密購買了蘇聯製的SS-N-6潛射彈道飛彈（SLBM）。美國情報指出極可能會搭載在羅密歐級潛艦或其他艦艇上。這個消息在2014年8月由美國媒體揭露。

孤軍奮鬥對抗中國

中華民國海軍

Republic of China Navy

海軍冷知識

由於世界各國重視與中國間的關係，因此不和台灣海軍實施聯合演習。就連鄰近的美國第7艦隊和周邊國家，也不和台灣進行交流訓練。

2005年美國售予的紀德級驅逐艦基隆號與蘇澳號。

中華民國海軍（台灣海軍）擁有兵力38000人、4艘驅逐艦、22艘巡防艦、以及其他艦艇約50艘。這支艦隊創建於1913年，歷史比共產黨的人民解放軍海軍更為久遠。但是，中國建國後，人民解放軍預算和配備都迅速超越。自從公元2000年以來，中國海軍不斷推出新型裝備，如今早已經遠遠超越台灣。

潛艦方面，台灣擁有1987年服役的海龍級潛艦2艘，以及第二次世界大戰時美國海軍曾經使用、後來在1973年移交給台灣當作訓練用途的海獅級2艘，總計4艘。這兩型都已經是老舊潛艦，無法負擔長期潛水任務。至於台灣噸位最大的戰鬥艦是4艘基隆級驅逐艦，這原本是美國海軍封存的紀德級（Kidd）驅逐艦，在1970年代由伊朗向美國訂購，配備當時最優秀的3D雷達與SM-1標準防空飛彈。還有1993年向法國訂購的拉法葉級匿蹤艦，命名為康定級巡防艦

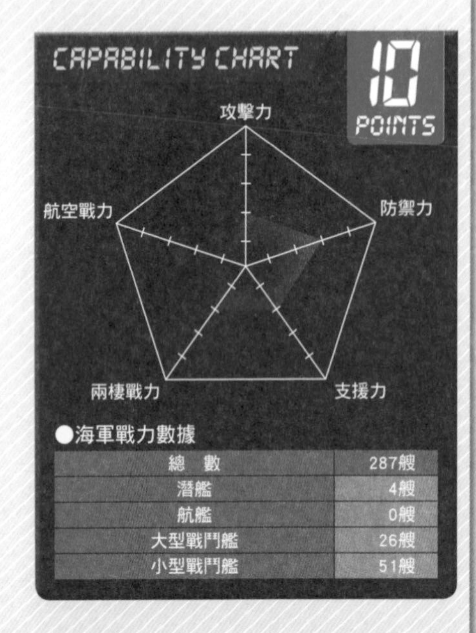

●海軍戰力數據

項目	數量
總　數	287艘
潛艦	4艘
航艦	0艘
大型戰鬥艦	26艘
小型戰鬥艦	51艘

海龍級潛艦海虎號。1988年服役，由荷蘭建造，可是在中國抗議下只有建造2艘。

（註4）。

目前計畫中的新銳艦是國產的沱江級巡邏艦，採用滿載排水量600ton級雙船體設計，搭載1門76mm砲、以及雄風2型或3型反艦飛彈共16枚。名為巡邏艦，但實際上是飛彈快艇。由於中國擁有這樣的艦艇，台灣顯然是為了因應才開發出類似的軍艦。台灣持續向美國申購新式武器，其中包括神盾艦在內。可是美國政府卻得看中國的臉色，不願意將高性能武器銷售給台灣。原本美國允許出售傳統動力潛艦給台灣，但美國已經喪失了製造傳統潛艦的能力，所以這計

錦江級巡邏艦鳳江號和金江號。配備反艦飛彈。

畫遲滯不前。不過，卻又允許出售中古的P-3C，2015年將會有8架交機成軍。

台灣海軍轄下擁有官兵9000人的陸戰隊，可以搭乘海軍的船塢登陸艦旭海號等登陸艦。可惜陸戰隊配備的戰車都是被歸類為舊式的M60A3戰車和M41輕戰車（註5）。此外還有採用水陸兩棲裝甲車AAV7。

成功級（派里級）巡防艦岳飛號。

建造國產航艦與潛艦，維持印度洋的頂點地位

印度海軍

Indian Navy

海軍冷知識

印度海軍與美國海軍、日本海上自衛隊每年都會舉行「馬拉巴爾」聯合演習，似乎時時提防著太平洋方面戰力日益漸增的假想敵中國。

2012年服役的什瓦利克級巡防艦薩亞德里號（Sahyadri）。前段甲板上安裝著大量的武器。

印度一向將鄰國巴基斯坦和中國視為假想敵，為了維護印度洋的軍事平衡，印度必須準備強大的海軍戰力。印度海軍光是主要艦艇就有170艘，引人注目的是他們一直維持著2艘航艦的編制這點相當特殊。

現在印度持有英國造航艦巨人號（Viraat・搭載獵鷹式攻擊機）和俄羅斯造航艦超日王號（Vikramaditya・搭載米格29戰鬥機），第一艘國產航艦維卡蘭號（Vikrant）則正在建造中，預定要替換巨人號。

戰略武器方面，印度祕密建造戰略核動力潛艦，排水量不詳，全長120m的戰略核動力潛艦殲敵號（Arihant）在2013年服役，艦上搭載著K15海洋式（Sagarika）潛射彈道飛彈。戰術潛艦則有1艘俄羅斯造阿庫拉級（計畫971型）核動力攻擊潛艦，自2012年起，又陸續配備209／1500型（部分獲得授權生產），以及俄羅斯造基洛級

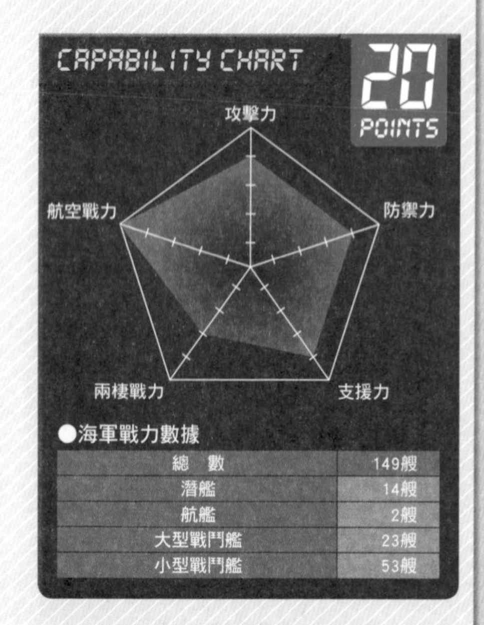

●海軍戰力數據

總　數	149艘
潛艦	14艘
航艦	2艘
大型戰鬥艦	23艘
小型戰鬥艦	53艘

基洛級潛艦辛杜拉克沙克號。

10艘。目前則是借用法國技術，在國內建造鮋魚級（Scorpène）潛艦，預定配備6艘。水面戰鬥艦方面，印度國產的加爾各答級驅逐艦（滿載排水量7292噸）具有高度防空戰力，即將服役。巡防艦則是持續採購生產具有匿蹤造型的新型艦艇加入。

從2003年起，印度就購買俄羅斯造的塔爾瓦級（Talwar・4100噸）加入海軍，目前已配備6艘，另有3艘在國內生產。此外還有大型的什瓦利克級（Shivalik・6299噸）巡防艦，預計要再取得7艘。

水陸兩棲艦艇是以戰車登陸艦為主力，2007年時向美國購買了1艘船塢登陸艦，之後又開發新型的國產登陸艦，打算替換舊艦。印度海軍除了航艦艦載機之外，還擁有陸基的美洲豹攻擊機，而且成為美國之外率先採購並運用波音P-8巡邏機（P-8I）的國家。

航艦巨人號，原英國海軍赫密士號（Hermes）。

與英國驅逐艦進行高線傳遞（High Line）的驅逐艦塔拉基里號。

海軍冷知識

印度海軍購買的俄羅斯造基洛級潛艦不太適應印度洋的溫暖海水，據說艦內非常燠熱，只好改造強化冷氣功率。

島嶼防衛的範本，三分之一的艦艇都是登陸艦艇

印尼海軍

Indonesian Navy

海軍冷知識

印尼海軍趁著柏林圍牆崩潰時，大舉低價收購前東德船艦，使得沿岸警備能力與水陸兩棲戰力大幅擴張。

巡防艦艾哈邁德・亞尼號（Achmad Yani）。前身是荷蘭海軍在1967年造的范斯派克級。

印尼海軍的主要艦艇約有150艘，其中主力戰鬥艦大都是比較舊式的。最大排水量的是荷蘭造的范斯派克級（Van Speijk）巡防艦（滿載排水量2880噸），於1967年服役。到了1990年代，又追加了15艘帕提穆拉級（Pattimura）巡邏艦。

最新型的艦艇是2007年配備的4艘西格瑪級（Sigma）巡邏艦。為了因應島嶼國家型態，海軍之中備有許多登陸艦，包括5艘11583噸的蘇哈爾索級（Dr.Soeharso）船塢登陸艦、以及42艘兩棲登陸艦或兵員運輸艦等。

潛艦有2艘是德國造的209／1300型，另外又請獲得授權的韓國建造3艘209／1400型，預定要建立最多9艘潛艦的部隊。

雖然印尼很少和外國的海軍進行聯合演習，但是近十年來，曾和美國、澳洲、新加坡等國積極交流演習，約22000名陸戰隊員也和美軍陸戰隊一同接受訓練。

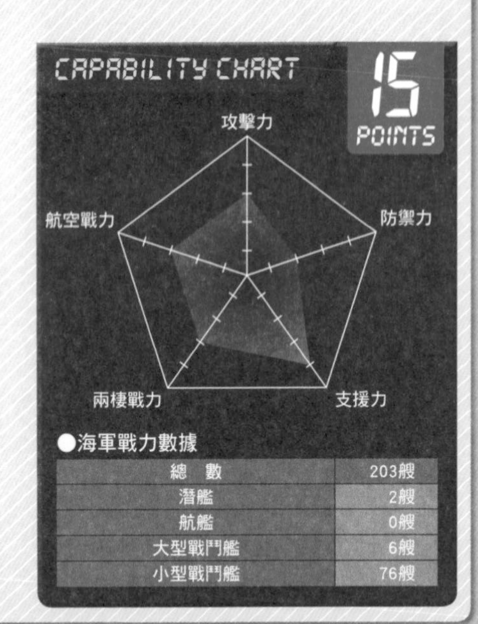

●海軍戰力數據

項目	數量
總　數	203艘
潛艦	2艘
航艦	0艘
大型戰鬥艦	6艘
小型戰鬥艦	76艘

雖然採取中立非同盟立場，但暴露出獨善其身的極限

柬埔寨海軍

Royal Cambodian Navy

由中國建造、艦名不詳的238噸級巡邏艇，搭載著37mm聯裝砲。

海軍冷知識

日本海上自衛隊曾派遣訓練艦隊訪問（2005年）。2014年柬埔寨派遣艦艇投入「太平洋夥伴關係」人道支援訓練，與各國交流。

柬埔寨海軍早在1953年就已創建，可是國內政局混亂，遲遲無法現代化，甚至曾有一段時期沒有船艦可用。等到1993年政局穩定後，才終於能夠重整海軍。如今配備有超過10艘的巡邏艇。其中有4艘滿載排水量238噸的巡邏艇是由中國提供。此外在2005年左右又多了3艘型號不詳的巡邏艇，2007年時又增加了3艘20m級巡邏艇、及1艘25m級登陸艇，應該都是中國政府提供的。

現在的柬埔寨政府採取中立・非同盟的外交方針，但近年來更加仰賴中國，因為中國想要在東南亞尋找據點。柬埔寨海軍的2800名官兵之中，有人數不詳的陸戰隊，會和中國軍方交流。另外在2011年，在相隔24年後，俄羅斯軍艦再度訪問柬埔寨，美國也持續實施艦艇訪問，由此可見柬埔寨的外交是朝多方向發展之中。

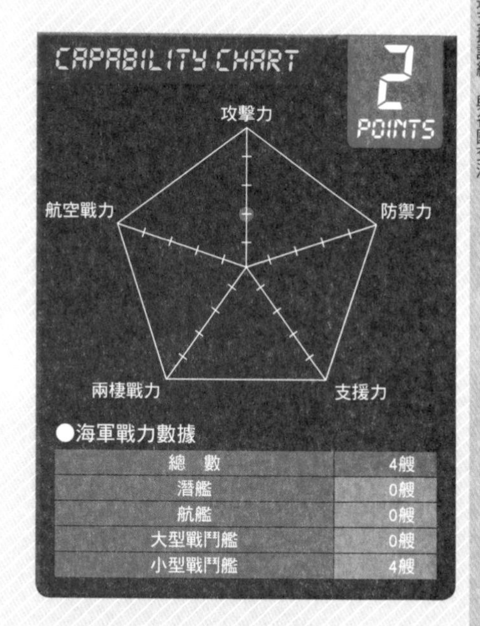

●海軍戰力數據

總　數	4艘
潛艦	0艘
航艦	0艘
大型戰鬥艦	0艘
小型戰鬥艦	4艘

進入21世紀後迅速強化兩棲戰、防空戰、潛艦部隊

新加坡海軍

Republic of Singapore Navy

可畏級巡防艦堅定號（Steadfast），艦橋上裝設了金字塔形的3D雷達。

新加坡海軍擁有現役官兵4500人、備役官兵5000人、以及50艘艦艇。從1990年以後，就採用6艘滿載排水量605噸的勝利級（Victory）巡邏艦作為主力，到了2007年起，又新增了6艘該國首次配備的可畏級巡防艦（Formidable、3251噸），艦上搭載海克力士3D雷達是荷蘭製造，而具有高度匿蹤性的船體則是國產完成。艦上備有阿斯特（Aster）防空飛彈。噸位最大的艦艇是4艘堅忍級（Endurance）船塢登陸艦（8636噸），船塢內可停放4艘LCU登陸艇，飛行甲板則搭載著陸軍的CH-47等直升機2架。

2011年時，向瑞典購買了2艘射手級（Archer）潛艦，雖然這是1988年建造完成的中古潛艦，但是已經改造為絕氣推進系統（AIP），潛航能力足以和新型潛艦比擬。預計是要逐步汰換既有的3艘挑戰者級（Challenger）潛艦。

CAPABILITY CHART

11 POINTS

攻擊力 / 防禦力 / 支援力 / 兩棲戰力 / 航空戰力

●海軍戰力數據

項目	數量
總　數	72艘
潛艦	5艘
航艦	0艘
大型戰鬥艦	6艘
小型戰鬥艦	17艘

海軍冷知識

新加坡海軍積極與日本海上自衛隊強化關係，曾派遣登陸艦堅持號（Persistence）參加2012年海上自衛隊觀艦式（校閱典禮）。也派遣可畏級巡防艦到日本進行聯合演習。

戰勝國內強敵，今後走向改編之路？

斯里蘭卡海軍

Sri Lanka Navy

沿岸巡邏艦薩由拉號是印度製造，印度海軍也配備同型的軍艦。

海軍冷知識

2014年在斯里蘭卡西方海域，該國派出飛彈巡邏艇Nadimithra號（457噸），和海上自衛隊巡邏艦五月雨號舉行親善訓練。

斯里蘭卡海軍擁有官兵4萬人，主力配備幾乎都是小型高速巡邏艇或警備艇，目的是要打擊反政府組織塔米爾・伊斯蘭解放之虎（LTTE）的海上部隊「海虎」旗下的武裝快艇。

海軍之中最大的軍艦是向印度購買的中古沿岸巡邏艦薩由拉號（Sayura、滿載排水量1920噸），艦上設置40mm砲，沒有搭載飛彈。就數量來說，真正的主力是可倫坡級（Colombo）巡邏艇，多用於攔截LTTE武裝小艇、或是武力偵察敵方據點。53噸的小艇搭載著23mm機砲1門和機槍12挺，算的上是重武裝快艇了。由於不必再和LTTE交戰，今後海軍將會調整結構。

改編海軍的其中一環，是在印度協助下增加2艘2266噸沿岸巡邏艦，這是最大噸位的艦艇。

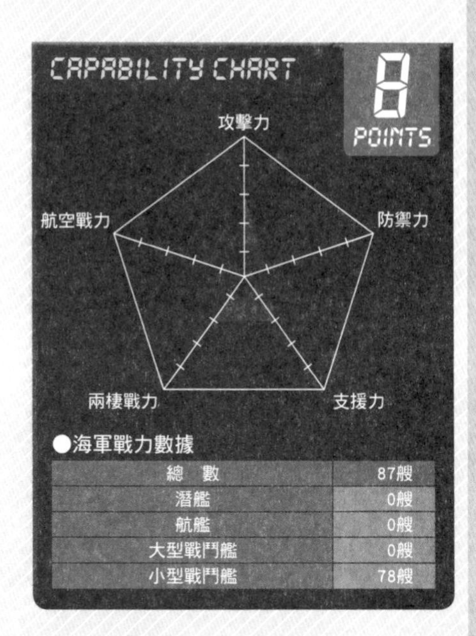

●海軍戰力數據

項目	數量
總　數	87艘
潛艦	0艘
航艦	0艘
大型戰鬥艦	0艘
小型戰鬥艦	78艘

東南亞唯一的航艦轉變為「直升機母艦」

泰國海軍

Royal Thai Navy

海軍冷知識

過去泰國和日本海軍有著深厚關係，曾取得日本造水面戰鬥艦14艘、潛艦4艘。

泰國海軍最大的水面戰鬥艦納黎萱號，委託中國建造而成。

泰國海軍創建於1887年，算是很有歷史的海軍。持有官兵71000人、艦艇約60艘的規模，此外還配備小型內河巡邏艇約180艘。二次大戰之後，泰國是東亞唯一採用航空母艦的國家，艦名查克里・納呂貝特號（Chakri Naruebet），艦上搭載AV-8A馬克道爾（西班牙製獵鷹式）攻擊機，由於AV-8A的整備維護相當困難，因此查克里・納呂貝特號變更為直升機母艦（艦種CVH）。水面戰鬥艦原本採用美國海軍除役的2艘中古諾克斯級（Knox）巡防艦（滿載4260噸），後來又和中國共同開發2艘025T型巡防艦（滿載排水量2985噸）。

此外，泰國與韓國預定要協同研發2艘匿蹤設計的巡防艦（DW3000F級），又有意從美國方面取得2艘中古巡防艦，加上預定由國內製造的沿岸警備艦，藉此和周邊國家維持友好關係。而且，每年都會和美國海軍舉辦金眼鏡蛇聯合演習*。

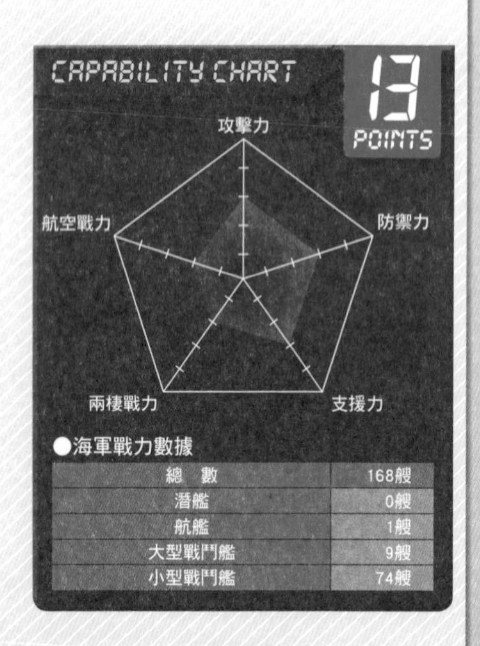

●海軍戰力數據

總　數	168艘
潛艦	0艘
航艦	1艘
大型戰鬥艦	9艘
小型戰鬥艦	74艘

*由於國內軍事政變之故，2014年缺席。

藉由韓國造、中國造艦艇，讓裝備現代化

孟加拉海軍

Bangladesh Navy

巡防艦阿布巴卡爾號，原英國海軍豹級（Leopard）巡防艦山貓號（Lynx）。

海軍冷知識

孟加拉海軍在進行遠洋航行時，常會在甲板上開闢菜園種植糧食。另外，在訪問外國時發售的軍艦紀念品，都是照孟加拉本國的定價，因此T恤只賣300日圓，貼紙只賣5日圓。

孟加拉在1971年脫離印度獨立建國，也在同年建立了海軍。擁有官兵15000人、艦艇約80艘。噸位最大的巡防艦哈立德・本・瓦利德號，是韓國造的韓國海軍蔚山級巡防艦外銷型。引進這艘軍艦時，發生了賄賂醜聞，導致這艘軍艦沒過多久就編入預備役。

最新銳的巡防艦是向中國購買的2艘053H2型（江滬III級）外銷型，被命名為阿布巴卡爾級，總共要建造10艘。接著還計畫向中國購買056型（江島型）巡邏艦。

除此之外，還配屬了10艘沿岸巡邏艦（OPV）。孟加拉海軍長年期盼的潛艦，是由中國海軍售予2艘中古的035G型（明型、羅密歐級），讓夢想得以實現。

中國有心控制印度洋，孟加拉就是階梯。靠著基礎建設與軍備供給，孟加拉迅速強化，讓一旁的印度感到憂心忡忡。

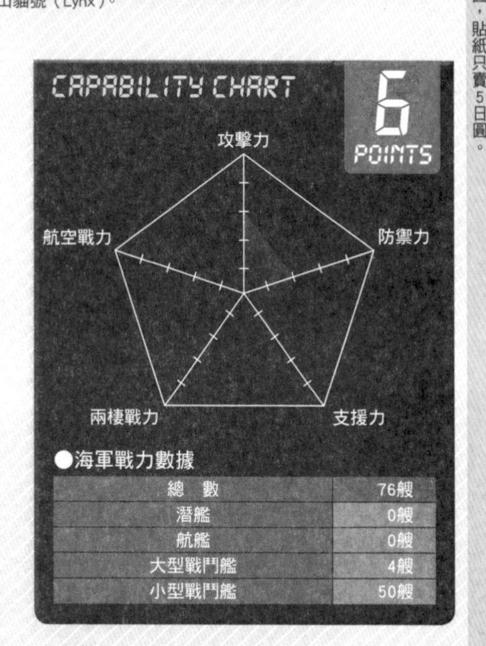

●海軍戰力數據

項目	數量
總　數	76艘
潛艦	0艘
航艦	0艘
大型戰鬥艦	4艘
小型戰鬥艦	50艘

增加小型巡邏艇、投入基地建設

東帝汶國防軍海上單位

Timor Leste Defence Force Naval Component

上海II級（62型）巡邏艇Betano。配備37mm聯裝砲塔2座。

海軍冷知識

從獨立起到聯合國管轄時代，這個時期海上自衛隊、美國、澳洲都曾經派遣船艦投入人道支援，使用登陸艇載運物資。

2001年東帝汶自印尼獨立，並且建立了東帝汶國防軍。當時宗主國葡萄牙提供了2艘信天翁級巡邏艇，創建了海上單位。

2010年時，東帝汶向中國取得2艘62型巡邏艇用來替換舊船。接著2011年向韓國購入3艘中古的大鷲型巡邏艇，又向過去敵對的印尼購買了2艘巡邏艇。

設於東帝汶的首都帝力西部的賀拉海軍基地只有一座棧橋，所以政府計畫擴建，以便停泊更大的船艦。除了西部以外，南部也計畫建造基地。目前轄下約有250人，這些人包含戰鬥部隊在內，肩負著特種部隊和陸戰隊的任務。由於是海上單位，因此沒有配備飛機。

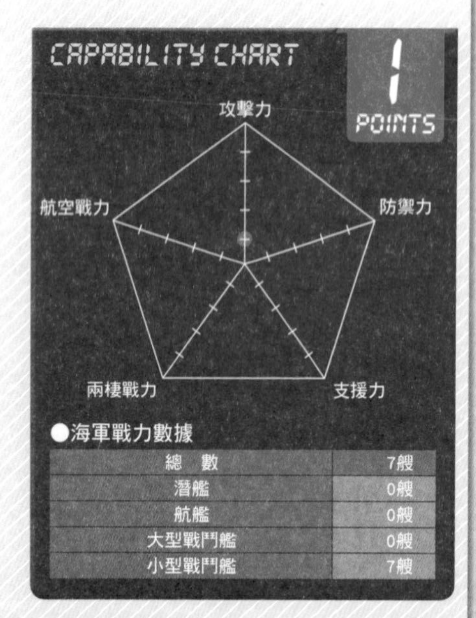

●海軍戰力數據

總　數	7艘
潛艦	0艘
航艦	0艘
大型戰鬥艦	0艘
小型戰鬥艦	7艘

對抗國內反政府勢力和南中國海的中國海軍

菲律賓海軍

Philippine Navy

2013年服役的巡防艦艾卡拉茲號（Ramon Alcaraz），原本是美國海岸防衛隊的巡防艦。

菲律賓海軍有官兵24000人，艦艇總數約100艘，其中包含巡防艦3艘、巡邏艦11艘、登陸艦11艘、支援艦艇7艘，算是頗有規模的海軍。菲律賓海軍歷史悠久，1898年就已經創建，但近年來菲律賓軍方的財政持續惡化，加上要和國內的反政府勢力交戰，軍費大量消耗，導致海軍難以更新裝備。

長久以來擔任旗艦的是巡防艦胡瑪邦酋長號（Rajah Humabon），這是二次大戰期間美軍建造的，戰後美國把這艘軍艦移交給日本海上自衛隊使用，命名為初日號。後來在昭和50年（1975年）除役，移交給菲律賓海軍，算的上是留存最久的現役戰鬥艦了。

2011年起，從美國海岸防衛隊取得2艘巡防艦（巡視船）。原因是中國軍艦在南中國海越來越活躍，美國政府擔心菲律賓擋不住，才決定強化海軍戰力。此外，菲律賓還有8700名陸戰隊員、以及人數不詳的NAVSOG特種部隊。

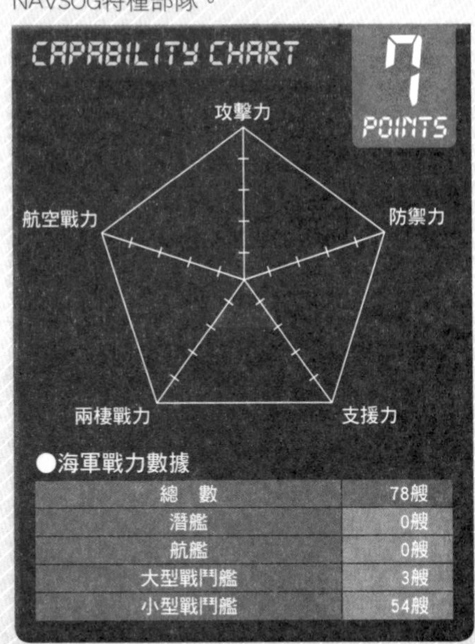

●海軍戰力數據

總　數	78艘
潛艦	0艘
航艦	0艘
大型戰鬥艦	3艘
小型戰鬥艦	54艘

海軍冷知識

由於胡瑪邦酋長號是經歷過二次大戰的艦艇，所以拍二戰題材的影片時會出借當道具。例如在電影「我為你赴死」（東映：2007年）中協助拍攝。

2010年起逐步汰換舊船，改用新型艦艇

汶萊海軍

Royal Brunei Navy

海軍冷知識

聯合演習時與菲律賓海軍與美國海軍一同進行，和參加RIMPAC 2014的中國海軍一起練習登船臨檢的行動。

達魯薩蘭級沿岸巡邏艦達魯拉馬號，艦艉艙門可以執行收放RHIB小艇（Rigid-Hulled Inflatable Boat）的工作。

汶萊海軍創建於1965年，官兵約750人、艦艇約20艘，屬於小規模海軍。該國海軍最大的戰鬥艦是2011年從德國引進的4艘達魯薩蘭級（Darussalam）沿岸巡邏艦（OPV），艦上配備飛魚（Exocet）MM40反艦飛彈、57mm砲等武器。最近汶萊海軍派遣了2艘達魯薩蘭級前往夏威夷，首度參加了RIMPAC 2014多國聯合演習。

此外，汶萊在2010年就從德國引進了4艘伊吉哈德級巡邏船，接著又購買新加坡造的高速巡邏艇。過去汶萊的船艦都是艦齡30年到40年的舊船，直到近幾年，才大幅予以更新。

汶萊海軍為了強化和其他國家的合作，經常派遣軍官與士官參訪美國、澳洲、新加坡的艦艇，學習合作與聯繫的知識，為日後引進巡防艦做準備。

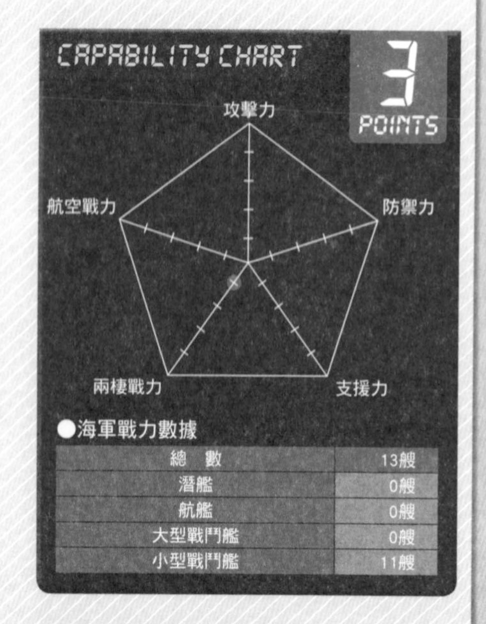

●海軍戰力數據

總　數	13艘
潛艦	0艘
航艦	0艘
大型戰鬥艦	0艘
小型戰鬥艦	11艘

引進期盼已久的潛艦，與中國對抗

越南人民軍海軍

Vietnam People's Navy

向俄羅斯購買的獵豹級巡防艦丁先皇號（Đinh Tiên Hoàng），滿載排水量2134噸。

海軍冷知識

冷戰時期蘇聯海軍以越南南部的金蘭灣基地當作據點，在東南亞、印度洋方面活動。

越南海軍創建於1955年，擁有45000位官兵和大約70艘艦艇。當美國與越南爆發越戰時，越南海軍處於毀滅狀態，但是在蘇聯的支援下重建。後來，中國主張南中國海的主權，在1988年的南沙群島海戰中，3艘中國巡防艦擊沉了2艘越南運輸艦、重創1艘戰車登陸艦。

此後雖然沒有再和中國交戰，但對立的態勢不變。越南海軍顯然戰力比不上中國，所以趕緊引進俄羅斯的基洛級潛艦，預定要組成6艘潛艦的部隊。

水面戰鬥艦方面，2013年起引進2艘俄羅斯造巡防艦（獵豹3.9型），接著又從荷蘭購得2艘西格瑪級（Sigma）巡邏艦。

越南長年以來沒有和外國海軍進行訓練，直到最近才逐漸增加和美國海軍的交流訓練。

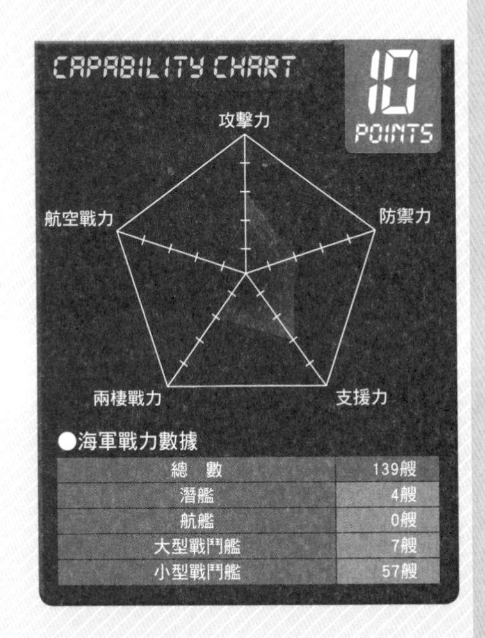

●海軍戰力數據

項目	數量
總　數	139艘
潛艦	4艘
航艦	0艘
大型戰鬥艦	7艘
小型戰鬥艦	57艘

雖然小型艦艇較多，但積極地與外國保持國際合作

馬來西亞海軍

Royal Malaysian Navy

萊吉爾級巡防艦傑巴特號（Jebat），1999年服役的該國最大艦艇。

海軍冷知識

韓國政府一直勸說馬來西亞購買軍艦，終於談成一筆交易。但是接下來想要推銷大型登陸艦卻沒有成功。

馬來西亞海軍創設於1934年。備有15000名官兵和主要艦艇67艘、直升機12架。裝備大都是從歐洲企業購得，最近看上了法國僅有1艘的追風級（Gowind）OPV（沿岸巡邏艦），預計要訂購6艘，並於2017年正式服役。追風級滿載約3000噸，將會是馬來西亞最大的戰鬥艦。

至於目前的最大艦艇，是滿載2270噸、從英國引進的2艘萊吉爾級（Lekiu）巡防艦。雖然艦艇不大，但仍舊積極地航向外洋，參與各國的艦艇校閱典禮，例如2002年日本海上自衛隊國際觀艦式，就派遣了1850噸的巡防艦卡斯杜利號（Kasturi）造訪。

法國在2009年提供了2艘鮋魚級（Scorpéne）潛艦給馬來西亞。至於特種部隊PASKAL則是接受美國SEALs海豹部隊的教育訓練，與各國合作，對抗非洲沿岸的海盜，也持續和美國海軍進行年度CARAT訓練演習。

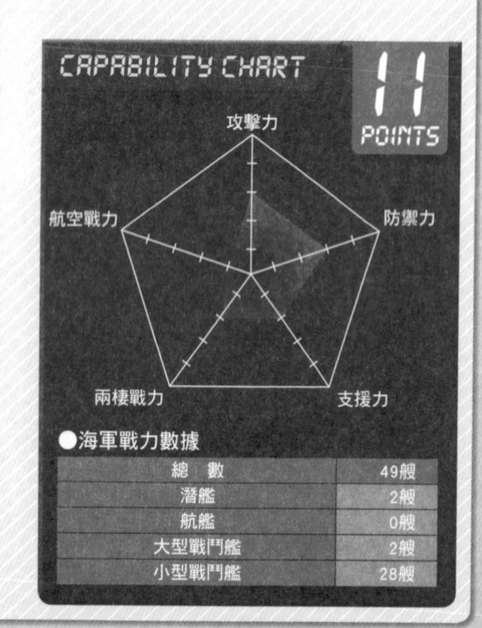

●海軍戰力數據

項目	數量
總　數	49艘
潛艦	2艘
航艦	0艘
大型戰鬥艦	2艘
小型戰鬥艦	28艘

擁有許多國產艦的神祕海軍

緬甸海軍

Myanmar Navy

巡防艦雍籍牙號（Aung Zeya）。裝備義大利製76mm砲，及4枚中國製C602反艦飛彈。

海軍冷知識

緬甸海軍從太平洋戰爭時期起就已經持有少量的小型艇，曾經協助日本海軍。

緬甸海軍創建於1947年，是一支擁有19000名官兵的海軍。配備120艘以上的艦艇，其中大部分是由國內造船廠生產的。截至2014年，緬甸最大的巡防艦是滿載排水量3000噸的Kyan Sittha級（江喜陀級）1號艦，已經服役，另有5艘預定建造中。艦上武器有俄羅斯製Kh-35反艦飛彈、義大利製76mm砲等。2012年起，向中國海軍購得2艘053H1型（江滬級），加深了兩國之間的聯繫。

緬甸海軍的運油船和沿岸運輸艦是得自於日本的援助，這些中古船隻進口之後，被編入海軍之中，當成軍艦來使用。已經確認有3艘納入艦籍。

由於緬甸外交封閉，保持機密，使得海軍狀況成謎。不過最近經常派出觀察員、並且協助搜索失蹤的馬來西亞航空客機，對外交流日漸活躍，令人好奇將來會演變成什麼樣的海軍。

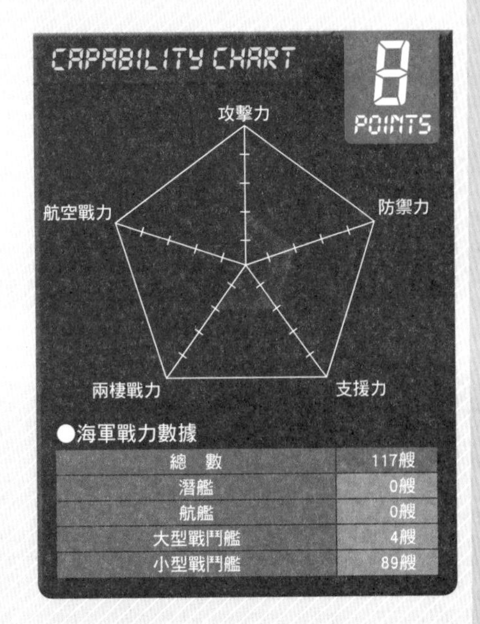

●海軍戰力數據

項目	數量
總　數	117艘
潛艦	0艘
航艦	0艘
大型戰鬥艦	4艘
小型戰鬥艦	89艘

大規模海軍的象徵「航空母艦」

大規模海軍的象徵就是「航空母艦」（有時縮寫為空母、航艦、航艦）。自從世界第1艘航艦鳳翔號在1922年服役以來，一直到2013年登場的印度海軍超日王號，全球約有250艘航艦服役。目前世界最大的航艦是美國海軍的尼米茲級，首艦於1975年服役，同級最新的10號艦則是在2009年服役，雖然有10艘同型艦，但各艦式樣不同、滿載排水量也相異。比如3號艦卡爾文森號滿載排水量92955噸，4號艦老羅斯福號97933噸，之後一直到10號艦老布希號則是103637噸。

2015年，接替的福特級將完工，滿載排水量101605噸，全長預計332.8m，比尼米茲級短10cm。美國的航艦上會搭載1個艦載機聯隊（約70架飛機）。目前全球仍在服役的最小航艦，是義大利海軍航艦加里波底號，艦上可搭載AV-8B攻擊機和EH101巡邏直升機12架至18架。加里波底號雖然艦身長度超過日本的日向級1m，但是排水量卻比日向級少。

一般而論，航艦的打擊力是來自於艦載機，所以武裝僅供自衛。這也是為什麼航艦出勤時，還需要巡洋艦、驅逐艦伴隨保護。再者，航艦艦體巨大，卻依舊要持有高航速，因此推進系統和船身設計都很重要。美國搭載了核動力輪機，義大利航艦則是採用燃氣渦輪主機，其他國家的航艦是用蒸氣渦輪動力。在這樣的配備下，航艦都具備超過30節的航速。

照片來源：柿谷哲也

配置在橫須賀的航艦雷根號，艦上搭載著第5艦載機聯隊。

美國海軍兩棲突擊艦好人理查號（Bon Homme Richard）。
照片來源：柿谷哲也

Section 2

全球123國海軍戰力完整絕密收錄

北美洲

任何領域都能投射強大打擊力的最強海軍

美國海軍

United States Navy

長期以橫須賀為母港的核動力航艦華盛頓號，預定在2015年交替。

海軍冷知識

在1973年航艦中途島號把橫須賀設為母港之前，每年都有10艘以上的航艦會訪問日本，還會訪問別府、神戶、名古屋、下田、函館等基地以外的地區。

美國海軍是個擁有大約320000官兵的巨大組織，轄下有船艦約300艘、飛機約3700架，毫無疑問是全球最大規模的海軍，也同時是美利堅合眾國政府推動外交的重要工具。美國海軍創建於1775年，二次大戰以後的大規模戰爭如韓戰、越戰、波灣戰爭、科索沃內戰、阿富汗反恐戰爭、伊拉克戰爭、利比亞政變都曾投入戰局。即使在平時，也會參與同盟國的海上安全保障任務，可說是實戰經驗最豐富的海軍。

對美國的同盟國而言，無論在戰略層面或戰術層面，美國海軍都位居領導地位，尤其是和日本建立起了堅強的關係，直接驅動海上自衛隊的創建，無論裝備、戰術、或教範觀念，都對海上自衛隊造成影響。美國第7艦隊的旗艦是登陸指揮艦藍嶺號（LCC 19），艦隊中包括以日本橫須賀為母港的航艦華盛頓號等19艘艦艇，停靠在佐世保基地，經常與海上自衛隊進行協同演習與訓

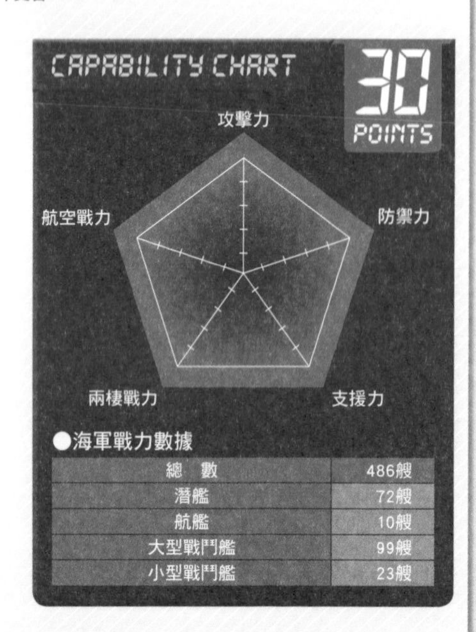

●海軍戰力數據

項目	數量
總　數	486艘
潛艦	72艘
航艦	10艘
大型戰鬥艦	99艘
小型戰鬥艦	23艘

朱瓦特級驅逐艦的首艦朱瓦特號。

練，藉以維持部隊精良度，才能在必要時投入戰鬥，確保西太平洋的穩定。

美國海軍中，管轄太平洋地區和印度洋地區的太平洋艦隊（司令部：珍珠港），區分為第3艦隊（負責東太平洋）與第7艦隊（負責西太平洋、印度洋）兩部分。在轄區中，水面艦艇部隊、潛艦部隊、航空部隊會駐防在美國本土、夏威夷、橫須賀等地，在投入任務時，會先將艦艇編組成特遣艦隊（TF：Task Force）。

至於大西洋方面，則是美國海軍艦隊司令部（原大西洋艦隊），旗下劃分為第2艦隊（西大西洋）、第4艦隊（中美洲），和太平洋艦隊一樣，會因應需要編組特遣艦隊。直接以美國本土為基地的第2艦隊、第3艦隊經常保持任務編組，持續接受訓練、測試武器與系統，讓艦隊官兵維持高精良度，並且派往世界各地。

巡洋艦尚普蘭湖號。

濱海戰鬥艦獨立號。

舉例來說，2014年發生的「馬來西亞航空客機搜索任務」，主要派遣艦艇是以聖地牙哥基地為母港的第3艦隊驅逐艦，但搜索區域在第7艦隊範圍內，因此在第7艦隊指揮下行動。

同樣的，原本配置在第2艦隊轄區的艦艇，一旦駛入面對北非與中東地區的地中海，就納入第6艦隊（駐歐美國海軍）轄

海軍冷知識

朱瓦特級（Zumwalt）驅逐艦原本預定建造30艘，肩負起下一代主力驅逐艦的重任，但是開發、建造的成本太過高昂，結果只建造3艘就停止了。

照片來源：美國海軍
俄亥俄級戰略核動力潛艦阿拉斯加號。

海軍冷知識

有幾艘俄亥俄級撤除了艦載的洲際彈道飛彈，不再執行戰略任務，改而從事特種作戰任務和巡弋飛彈攻擊任務，艦種也改成核動力飛彈潛艦（SSGN）。

下。要是原本由第6艦隊或第7艦隊管轄的軍艦駛入北阿拉伯海及波斯灣，就要接受駐防巴林的第5艦隊的指揮管轄。以中東的大規模作戰行動來説，空軍和外國部隊都納入美國中央司令部統轄，在東亞細亞則是由太平洋司令部統轄。簡而言之，美軍把地球劃分為多個區域，靈活的編組聯合任務部隊。

美國海軍的主要裝備是圍繞著打擊力這個目標而誕生。總計10艘尼米茲級航空母艦，每艘都各搭載1支艦載機聯隊（約有70～80架）。以航艦為中心，組成航艦打擊群（又名航艦特遣艦隊），加上配備高性能神盾防空系統的提康德羅加級巡洋艦22艘、配備神盾系統的多用途主力戰鬥艦勃克級驅逐艦62艘、自由級和獨立級濱海戰鬥艦（LCS）4艘，還有逐步除役的派里級巡防艦11艘等眾多水面戰鬥艦。而登陸作戰的主力，則是每艘能夠搭載1個陸戰隊遠征隊（MEU：兵員約2000人、飛機30架、兩棲裝甲車等車輛約60輛）的9艘胡蜂級兩棲突擊艦，與10艘船塢運輸艦、12艘船塢登陸艦。

照片來源：美國海軍
海狼級攻擊型核動力潛艦康乃狄克號。

照片來源：美國海軍
維吉尼亞級攻擊型核動力潛艦明尼蘇達號。

負責艦隊防衛和巡邏任務的潛艦，數量最多的是洛杉磯級41艘，接著是價格高昂的海狼級3艘，之後是洛杉磯級的後繼者維吉尼亞級10艘，以上是攻擊型核動力潛

核動力航艦並不需要補給燃油，但是艦載機卻需要燃油，所以需要補給艦補充。

勃克級神盾驅逐艦Flight IIA型史普魯恩斯號。

艦。而能夠搭載潛射彈道飛彈（核彈頭）的核動力潛艦俄亥俄級有18艘，靠著核彈嚇阻力達到外交與戰略機能，其中4艘俄亥俄級被改造成戰術飛彈發射用核動力潛艦，重新返回現役。

雖然備有和艦身等長的全通甲板、能夠搭載許多飛機，但嚴格來說兩棲突擊艦不能歸類為「航艦」。原因是這類兩棲突擊艦本質上是用來運輸地面部隊，是為了搭載陸戰隊員、車輛、火砲等地面部隊。儘管可以搭載固定翼的AV-8B攻擊機和即將服役的F-35B戰鬥機，但仍舊屬於陸戰隊，功能是為地面部隊提供火力支援。雖說任務類型中也含有空中巡邏警戒的項目，但無法像航艦艦載機那樣發動反艦攻擊或是與對地支援無關的攻擊任務。

兩棲突擊艦的特徵不僅有飛行甲板，還備有泛水塢艙，塢艙出入口位於艦艉，載運車輛和兵員的氣墊登陸艇LCAC、多用途登

濱海戰鬥艦自由號。

派里級巡防艦英格漢號

海軍冷知識

尼米茲級航艦需要補給艦提供航空燃料，此外還會給護航的巡洋艦、驅逐艦等補充燃料，當成艦隊的補給艦。

照片來源：柿谷哲也

以兩棲戰為主要功能，配置在佐世保的兩棲突擊艦好人理查號。

海軍冷知識

橫須賀基地內有許多懂得修理船艦的日本技師在工作，佐世保基地則是臨接著民間造船廠。日本的精密修復能力支持著遠東的美國海軍。

陸艇LCM都可由此出入，甚至連兩棲戰鬥裝甲車AAV也能由塢艙進出。由於登陸艇都停在泛水塢艙內，導致船身構造設計受限，航速也因此減慢。假如想拿來當航艦使用，勢必會連帶迫使防衛周邊的驅逐艦、巡防艦降低航速，整個艦隊都會因此被拖慢。從這方面來說，兩棲突擊艦是不能和航艦劃上等號的。在波灣戰爭和伊拉克戰爭時美軍曾實施大規模登陸作戰，當時就是由航艦打擊群（航艦艦隊）為登陸艦部隊提供空中支援。

照片來源：柿谷哲也

氣墊登陸艇LCAC。

照片來源：柿谷哲也

船塢運輸艦聖安東尼奧號。

有時會加入美國海軍的航艦戰鬥群

加拿大海軍

Royal Canadian Navy

哈利法克斯級巡防艦雷吉納號（Regina）。

海軍冷知識

從1957年至1970年，曾經持有伯納文圖勒號（Bonaventure）等3艘航艦，可搭載F2H-3報喪女妖式戰鬥機等30架艦載機。

過去被稱為加拿大武裝部隊海上司令部的加拿大海軍組織，從2011年起正式改名為「加拿大海軍」。加拿大海軍官兵人數8500人，在太平洋岸與大西洋岸都有艦隊，主力是4艘維多利亞級（Victoria）潛艦、3艘易洛魁級（Iroquois）驅逐艦、12艘哈利法克斯級（Halifax）巡防艦，此外還配備有12艘沿岸掃雷艦。

目前加拿大正在建造多用途補給艦，預計2019年服役，另外還打算要取得能夠搭載F-35B戰鬥機與1000名士兵的登陸艦。

加拿大海軍的巡防艦曾加入美國海軍航艦戰鬥群（航艦艦隊），參與阿富汗反恐作戰。加入美國海軍或NATO北約部隊一同運用的機會很多。艦載直升機CH-124和陸基巡邏機CP-140則是隸屬於加拿大空軍。

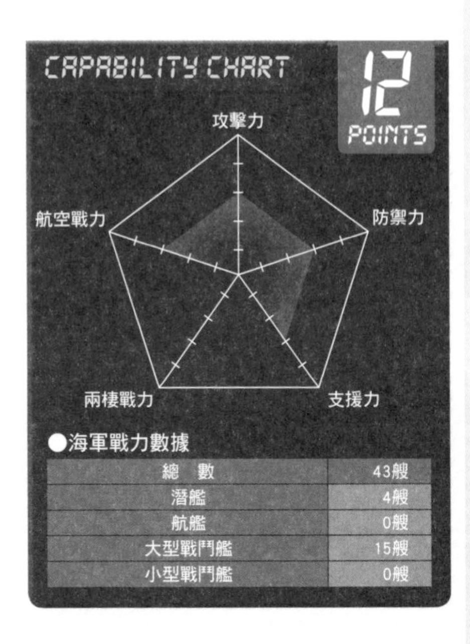

●海軍戰力數據

總　數	43艘
潛艦	4艘
航艦	0艘
大型戰鬥艦	15艘
小型戰鬥艦	0艘

仍在使用二戰建造的驅逐艦

墨西哥海軍

Mexican Navy

海軍冷知識

海軍陸戰隊（Fuerza de Infantería de Marina）轄下有特種部隊FES，經常投入奇襲毒梟船和據點的實戰任務。

照片來源：墨西哥海軍

諾克斯級巡防艦法蘭西斯科・賈比亞・米拉號（Francisco Javier Mina）。搭載有海麻雀防空飛彈。

墨西哥海軍含陸戰隊在內約有56000名官兵，轄下有驅逐艦2艘、巡防艦6艘、巡邏艇32艘等主力戰鬥艦。其中驅逐艦內察瓦爾科約特號（Netzahualcoyotl）之前是美國海軍1945年5月服役的基靈級驅逐艦史庭納克爾號（Steinaker），是現役最久的驅逐艦（但以戰鬥艦而言，役期最久的是菲律賓的巡防艦）。除了作為官兵訓練艦之外，還會投入取締毒品的任務。

實戰艦隊區分為「墨西哥灣及加勒比海海上部隊」以及「太平洋海上部隊」，從2006年起向毒梟宣戰，展開墨西哥反毒戰爭（現在仍在持續中）。海軍派遣了巡邏艇和飛機來對抗、取締毒梟的走私運輸艇，美國海軍也會出兵協助。不過，墨西哥倒是從來沒有派遣軍艦參與過美國的軍事行動。和美國第3艦隊與第4艦隊則是會舉辦小規模的聯合訓練。

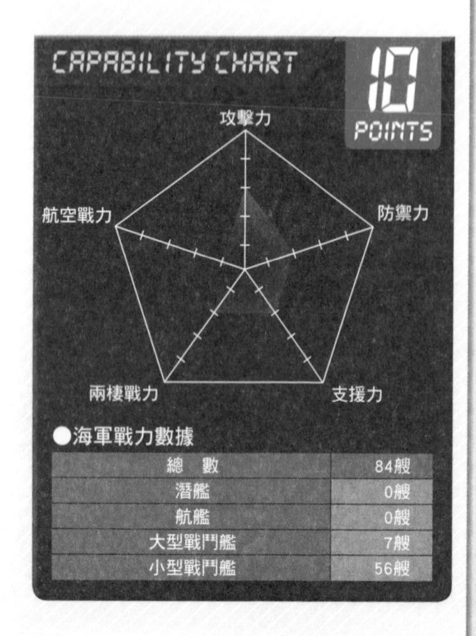

●海軍戰力數據

總　數	84艘
潛艦	0艘
航艦	0艘
大型戰鬥艦	7艘
小型戰鬥艦	56艘

潛艦是軍艦的顛峰

距今200多年以前的1776年登場的潛水艇，經歷過一、二次世界大戰的考驗，在冷戰時期無論性能或任務都有飛躍的進化。俗話說「潛艦的最大敵人就是潛艦」，可見潛艦是海軍最強力的武器。

潛艦的戰術功能大致分為三項，第一是潛艦的本質「隱匿性」。潛艦的作戰環境是「無法從海上觀測到的海中」，光是懷疑這片海域「有沒有潛艦」，就足以讓敵軍感受到潛在威脅。正因為看不見，才會產生「說不定有潛艦」的心理效應。想要偵測潛艦，得要消耗大量時間、兵力、高度探測技術、裝備，對敵方造成壓力。

第二是「長期海洋潛伏能力」。潛艦能夠在無補給的狀態下長期獨自行動，能夠長期巡弋這一點，就已經凌駕在敵軍之上了。

第三是戰術層面的「攻擊力」。潛艦上裝載著一枚就能擊沉敵艦的魚雷，這同時為前兩項戰術功能背書，更添潛艦的恐怖。

不過，潛艦看似擁有一切優勢，但實際上戰術能力還是受到限定。潛艦不像水面艦艇能夠配備大砲或機槍，也不能搭載直升機。潛艦搭載的武器只有魚雷、反艦飛彈、或是水

照片來源：柿谷哲也

日本海上自衛隊沒有戰略潛艦。但海上自衛隊所擁有的潛艦卻是最具戰略價值和廣泛用途的自衛艦。照片中是潛艦劍龍號。

雷，英、美潛艦則是追加了巡弋飛彈這項武器。

簡單地說，潛艦欠缺多功能性，是一種用途受限的軍艦。尤其是北韓或伊朗等國的小型潛艇，用途單純就是載運特種部隊，僅此而已。美、英、法、俄、中、印等國擁有戰略核動力潛艦，搭載著潛射型彈道飛彈（SLBM），功能僅限於核戰抑制力的展現。

各國海軍都知道潛艦的功能受限、建造與運用的成本極高，但還是想要擁有潛艦。理由是潛艦並非只是攻擊武器，潛艦還能嚇阻敵方，具有戰略價值。對於沒有核武的國家來說，潛艦是唯一能夠產生戰略價值的武器。

只是，想要好好發揮潛艦的功能，前提是「持有合乎現代科技的潛艦」、「擁有整備、修理潛艦的能力，讓潛艦能持續使用」、「潛艦官兵的訓練」這幾項條件，並非任何國家都負擔得起。有些國家仍舊在使用舊式潛艦，欠缺官兵教育體制，也缺乏長期作戰和高強度戰術訓練，卻還是得耗費大筆軍費。

照片來源：柿谷哲也

韓國海軍從德國進口的潛艦張保皐號。對無法開發潛艦的國家，只有外購或授權生產的選項。

德國海軍巡防艦·下薩克森號（Niedersachsen）。
照片來源：德國海軍

Section 3

全球123國海軍戰力完整絕密收錄

歐洲

海軍規模雖小，但是自2002年起已經三度訪問世界各國

愛爾蘭海軍勤務隊

Irish Naval Service

2014年服役的近海巡邏艦薩繆爾・貝克特號，搭載76mm砲。

海軍冷知識

2002年，巡邏艦雪號（Niamh）曾進行遠東航海，造訪香港與韓國，最後抵達東京。2010年又再次巡迴全球各國，背負著宣傳振興國際貿易的任務。

愛爾蘭的國防軍裡有海軍勤務隊這樣的軍事單位。該國擁有正規的陸軍（Army），但是海軍稱為海軍勤務隊（Naval Service），空軍稱為航空兵團（Air Corps）等組織名，位階比陸軍降一級。海軍勤務隊約有1100人，配備8艘艦艇。除了國防之外，平時要進行漁業監視、毒品走私監視、環境監視等任務。主力的艦艇是滿載排水量1788噸、搭載57mm砲1門的巡邏艦恩雅號（Eithne）1艘，以及搭載76mm砲1門的羅辛級（Roisin）巡邏艦2艘。

2014年，由羅辛級改進的薩繆爾・貝克特級（Samuel Beckett）服役，另有1艘正在建造（還有1艘在追加計畫中），船體造型、武裝配備都一樣，但是船身延長了大約1.1m，有助於加強海上航行的穩定性。

這3艘新型艦艇將會取代1978年配備的艾默級（Emer）（1036噸），而航空兵團則配備2架CN-235海上巡邏機、4架民用型S-61救難直升機。

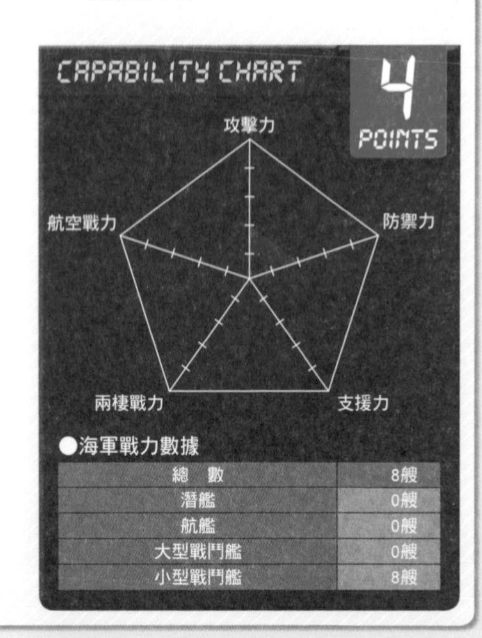

●海軍戰力數據

項目	數量
總　數	8艘
潛艦	0艘
航艦	0艘
大型戰鬥艦	0艘
小型戰鬥艦	8艘

海軍戰力轉為海岸防衛隊，與NATO的關係頗受矚目

阿爾巴尼亞海軍

Albanian Navy

照片來源：阿爾巴尼亞海軍

克朗施達級（Kronshtadt）巡邏艇P207。滿載排水量335噸，配備85mm砲，具備布雷能力。

海軍冷知識

2012年起開始配備沿岸警備艇達曼級巡邏艇，滿載排水量208噸，噸位大幅超越該國主力艦艇上海II級巡邏艇。

阿爾巴尼亞海軍是擁有1900名官兵、巡邏艇5艘的海軍，人員包含海岸防衛隊在內，巡邏艇則有30艘左右。海岸防衛隊主要功能是執法、急難救助等，所以海軍的實際功能侷限在邊境警戒。

話說回來，現有的艦艇都是1950年代後期到1970年代由蘇聯和中國建造的中古艦艇，戰鬥力幾近於零。

直到1998年為止，海軍還配備著中國提供的前蘇聯潛艦，但是阿爾巴尼亞的政策是長年鎖國，無人提供技術援助，所以海軍戰力迅速衰退。

到了公元2000年時，鎖國政策改變，2009年甚至加盟NATO，關係逐漸好轉，將來有可能恢復海軍戰力。目前計畫要在2020年以前取得2艘60m～80m級沿岸巡邏艇。

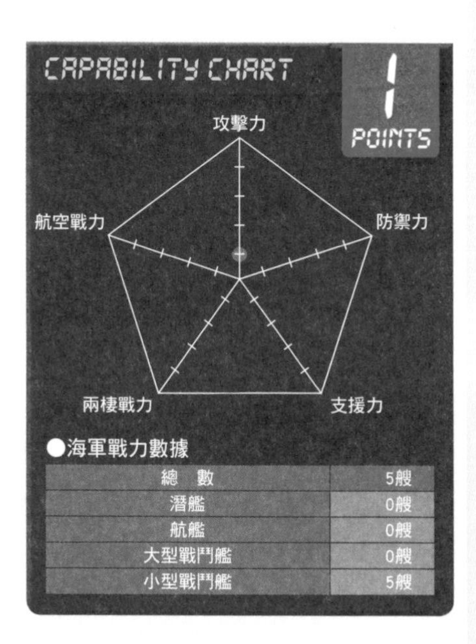

●海軍戰力數據

總　數	5艘
潛艦	0艘
航艦	0艘
大型戰鬥艦	0艘
小型戰鬥艦	5艘

重新整備戰力的昔日海上霸主

英國海軍

Royal Navy

海軍冷知識

美國海軍和日本海上自衛隊嚴禁在艦上飲酒，但是英國海軍並不禁止。無敵級STOVL航艦內甚至設置了裝潢美觀的酒吧。

搭載著湯普森多用途雷達、擁有極佳防空能力的勇敢級（45型）驅逐艦勇敢號。

在第二次世界大戰終結之前，和美國、日本並列為世界三大海軍的英國海軍。戰後英國因為國力疲弊，全力投注於重建國家，於是把維持世界秩序的任務讓給美國海軍，大幅縮小海軍規模。

即使縮減規模，但英國仍舊希望在國際上具有足夠的影響力，所以開發出搭載核彈頭的彈道飛彈戰略核動力潛艦，以及航艦艦隊，雖然威力不及美國海軍，但航艦艦隊仍舊具備有投射航空戰力的能力。

現在的英國海軍總兵員數有30010名官兵（含海軍陸戰隊），持有94艘艦艇。

目前潛艦部隊中有戰略核動力潛艦先鋒級（Vanguard）4艘，攻擊型核動力潛艦機敏級（Astute）2艘、特拉法加級（Trafalgar）5艘。水面戰鬥艦方面，主力是搭載了英、法、義共同開發的防空系統的45型（勇敢級・Daring）與42型（雪菲爾級・Sheffield）飛彈驅逐艦，加上23型（公

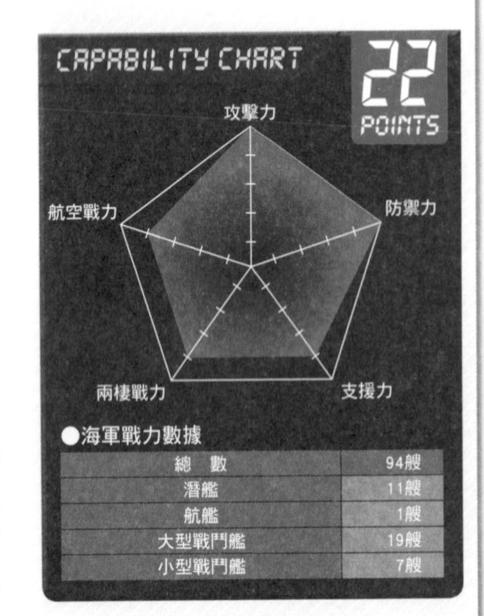

●海軍戰力數據

項目	數量
總　數	94艘
潛艦	11艘
航艦	1艘
大型戰鬥艦	19艘
小型戰鬥艦	7艘

搭載著洲際彈道飛彈的先鋒級戰略核動力潛艦。

爵級・Duke）巡防艦。將來計畫要開發多用途的26型巡防艦來接替23型。

兩棲戰鬥艦也比較完備，持有直升機突擊艦海洋號（Ocean）、大型船塢運輸艦海神之子級（Albion）2艘、海灣級（Bay）3艘。

英國在1982年的福克蘭群島戰爭中，充分活用搭載著獵鷹式戰機的無敵級（Invincible）STOVL航艦，證明了垂直起降航艦的價值。但是礙於預算不足，獵鷹式在2011年除役。無敵級2號艦光輝號（Illustrious）改裝成直升機母艦，但是已預定在2014～2015年間除役。

伊莉莎白女王級航艦的完工預測圖。

公爵級（23型）巡防艦阿基爾號（Argyll）。

用來取代無敵級的航艦，是已經開工、預定搭載F-35B戰鬥機的伊莉莎白女王級（Queen Elizabeth）。首艦伊莉莎白女王號已在2014年7月下水，預定在2017年服役。

海軍冷知識

英國海軍曾經是僅次於美國海軍的航艦大國，但是2012年獵鷹式攻擊機除役以後，無敵級航艦逐一除役，發生了海軍無航艦的窘境。

NATO的核心，充實的戰力

義大利海軍

Italian Navy

能夠搭載5架直升機的船塢運輸艦聖喬治號。

海軍冷知識
輕型航艦加富爾號有時會協助義大利產業進行宣傳航行，2013年在阿布達比靠港，在艦上舉辦藍寶堅尼新車發表會和流行服飾秀。

義大利海軍雖然在第二次大戰中沒有什麼表現，但是戰後卻肩負起NATO海軍在地中海方面的主力。無論水面戰鬥艦、潛艦、航空部隊都配置得相當平衡，至今已經成為歐洲屈指可數的海軍大國之一。

現在的義大利海軍有官兵31900人，轄下艦艇多達116艘。水面戰鬥艦包含2艘輕型航艦加富爾號（Cavour）、加里波底號（Giuseppe Garibaldi）」，近來又有飛彈驅逐艦安德烈・多利亞級（Andrea Doria）和巡防艦卡洛・伯伽米尼級（Cario Bergamini）等新型艦艇成為新戰力。兩棲突擊艦則有聖喬治級（San Giorgio）3艘正在服役。

潛艦方面有2艘使用AIP系統的薩爾瓦托雷・托達羅級（Salvatore Todaro）、4艘改良型掃羅級（Sauro）正在服役中。航空部隊包括輕型航艦用的AV-8B獵鷹II式及各種艦載直升機，合計有103架。

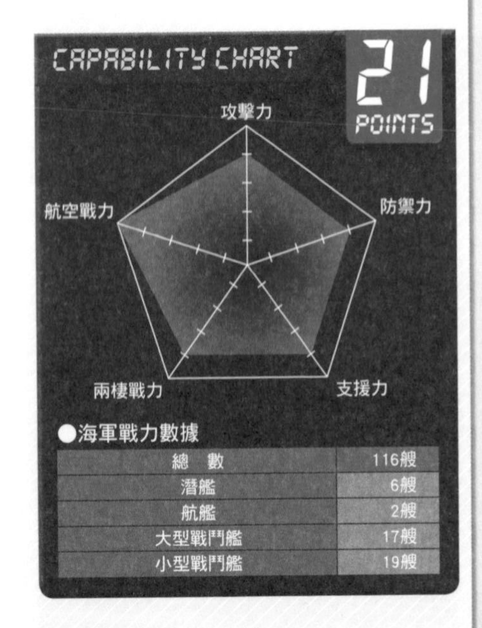

●海軍戰力數據

總　數	116艘
潛艦	6艘
航艦	2艘
大型戰鬥艦	17艘
小型戰鬥艦	19艘

克里米亞紛爭時司令部被俄羅斯奪取，斷絕友好關係

烏克蘭海軍

Ukrainian Navy

風暴海燕級（Krivak）巡防艦薩哈達契尼號（Hetman Sahaydachniy），從俄羅斯邊境警備隊引進的中古艦艇。

海軍冷知識

中國的航艦遼寧號原本是蘇聯海軍在烏克蘭港口建造的，蘇聯瓦解後，變成烏克蘭的資產，賣給中國企業。俄羅斯對這件事始終耿耿於懷。

烏克蘭海軍擁有官兵18000人，司令部設於克里米亞的塞凡堡（Sevastopol）。由於俄羅斯吞併了克里米亞、占領塞凡堡，迫使烏克蘭將海軍司令部遷往敖得薩。

雖然在遷移前，已經有部分艦艇撤離，但2013年經歷長期維修完畢的狐步級（Foxtrot）潛艦等多艘艦艇遭到擄獲。

後來有部分艦艇返還給烏克蘭，可是紛爭前曾經擁有65艘艦艇（含支援艦艇）的海軍，現在還剩幾艘？是否還能維持下去？都令人存疑。在紛爭爆發前，烏克蘭與俄羅斯海軍每年都會實施聯合演習，雙方關係相當密切。

現在烏克蘭海軍正在艦造1艘國產的2500噸級新型巡防艦，預計未來要增加到4艘。艦上搭載法國製阿斯特-15（Aster-15）防空飛彈、飛魚MM40反艦飛彈、NH90巡邏直升機等裝備。

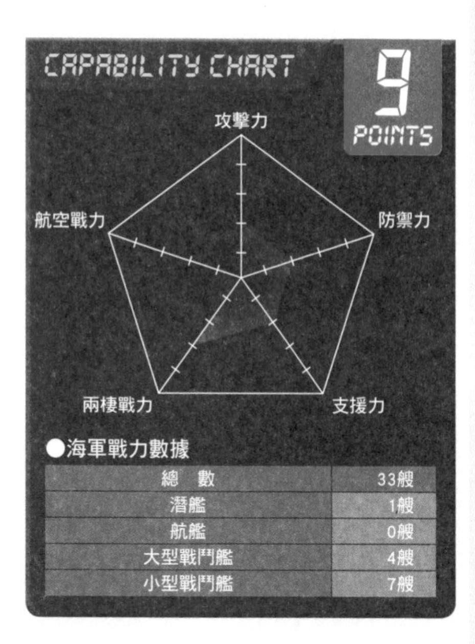

●海軍戰力數據

總數	33艘
潛艦	1艘
航艦	0艘
大型戰鬥艦	4艘
小型戰鬥艦	7艘

唯一一艘巡防艦在2013年除役，現在轉型為水雷戰艦隊

愛沙尼亞海軍

Estonian Navy

山頓級掃雷艇海軍上將高文號（Admiral Cowan），這是從英國海軍購得的艦艇。

海軍冷知識

愛沙尼亞從1918年從俄國獨立之後就創建了海軍，1940年又被蘇聯併吞，海軍被歸入蘇聯海軍轄下。一直到1991年重新獨立，才又創建海軍。

愛沙尼亞海軍是一支全員415人的海軍。愛沙尼亞海軍的旗艦皮特卡海軍上將號（Admiral Pitka）是丹麥海軍提供，將艦種由巡邏艦變更成巡防艦（滿載排水量2002噸），在2013年除役。此後，愛沙尼亞海軍就成了4艘戰鬥艦全都是水雷戰專用艦艇的海軍。

這4艘是丹麥海軍舊掃雷艇塔斯賈號（579噸）、以及3艘英國海軍舊山頓級（Sandown）掃雷艇（492噸）。任務是在海域內布設水雷、以及清除水雷（包括在海中引爆）。至於芬蘭海軍提供的舊巡邏艇李斯特納號，艇上搭載了機槍與反潛火箭，從2009年起改為訓練艦，用於教育官兵。

不過，該艦也追加了水雷布雷裝置，可見訓練內容也包含布雷。1998年起，波羅的海三小國的海軍編組成BALTRON，在波羅的海內巡航警戒，2004年以後則是與NATO合作。

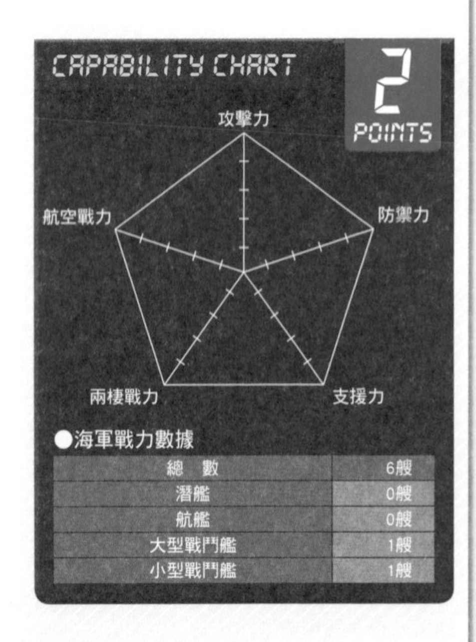

●海軍戰力數據

項目	數量
總　數	6艘
潛艦	0艘
航艦	0艘
大型戰鬥艦	1艘
小型戰鬥艦	1艘

與比利時組成「聯合艦隊」，找出生存之道

荷蘭海軍

Royal Netherland Navy

七省級巡防艦，配備APAR防空系統。

海軍冷知識

荷蘭是眾所周知的運河國家，但是運河的控管不歸屬海軍，而是交給陸軍。陸軍採用小型的河川巡邏艇，來因應運河的警備任務。

雖然國土很小，但商業興盛的荷蘭，從15世紀左右就積極地跨越大洋，前往世界各地從事貿易。當年商船經常遭到海盜打劫，所以荷蘭把商船改為武裝商船，保護自己，這成為日後荷蘭海軍的起源。

荷蘭海軍的戰力曾經一度逼近英國海軍，到了18世紀敗給法國之後，海軍就日益衰弱。第二次世界大戰時又敗給日本海軍，導致海外殖民地印尼被奪走，此後海軍的地位就越來越低了。

二戰結束後重建的荷蘭海軍，以NATO成員國的身分投入對抗蘇聯海軍潛艦的任務，因此向英國海軍購買輕型航艦與適合反潛作戰的巡防艦，積極整備。

現在的荷蘭海軍有6850名官兵，艦艇47艘，算是歐洲海軍的中堅。自從冷戰結束以後直到今日，荷蘭三軍都進行大規模裁軍，無論人員、艦艇總數都遠遠不及冷戰時期。為了彌補戰力差距，荷蘭決定在戰時和

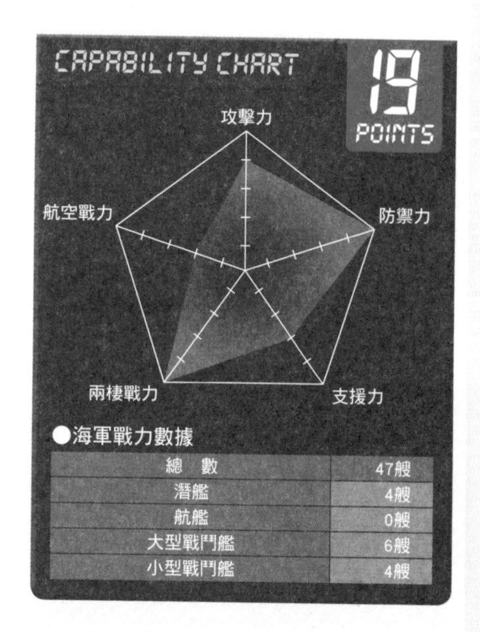

●海軍戰力數據

總　數	47艘
潛艦	4艘
航艦	0艘
大型戰鬥艦	6艘
小型戰鬥艦	4艘

海象級攻擊型潛艦。水中排水量2845噸，1992年開始服役。

演習時與比利時結為聯合艦隊。並且設置荷比盧海軍司令職位，用於指揮這支艦隊。

大型水面戰鬥艦包括4艘七省級（De Zeven Provicien class Frigate）飛彈巡防艦，搭載著和德國共同開發的NAAWS防空系統，還有2艘1990年代建造的道爾曼級（Karel Dorman）巡防艦。此外，為了反恐作戰與人道支援等多樣化任務，配備荷蘭級（Holland）巡邏艦4艘，以及水陸兩棲作戰用鹿特丹級（Rotterdam）船塢運輸艦2艘。

荷蘭級近海巡邏艦，配備SMILE雷達。

Mk IX型多用途登陸艇，總計5艘。

荷蘭的潛艦噸位比一般歐洲潛艦來的大，配備了4艘海象級（Walrus）傳統動力攻擊型潛艦，但服役都已經超過20多年。

汰換老舊防空飛彈巡邏艇，後繼艦艇受矚目

賽浦路斯海軍

Cyprus Navy

改良帕特拉級巡邏艇薩拉米斯號。滿載排水量98噸，搭載1座防空飛彈發射架。

海軍冷知識

2011年納瓦爾海軍基地的彈藥庫爆炸，造成該國最大的發電廠受損，經濟也蒙受損失。

賽浦路斯海軍擁有6艘巡邏艇，其中法國造滿載排水量93噸的薩拉米斯號（Salamis）巡邏艇、與希臘造凱里尼亞號（Kyrenia）巡邏艇，艇上除了40mm砲之外，還搭載著辛巴達紅外線追蹤防空飛彈。

一般巡邏艇若是要搭載飛彈，大都是搭載反艦飛彈，但賽浦路斯海軍改成防空飛彈是有原因的。1974年賽浦路斯曾與土耳其海軍交戰，當時土耳其空軍提供空中支援，擊沉了賽浦路斯的巡邏艇，有鑑於這個教訓，才會配備防空飛彈。

另外4艘巡邏艇沒有配備飛彈。由於搭載飛彈的巡邏艇的船齡超過30年，賽浦路斯正積極尋找後繼船艦。可能選項包含向以色列和希臘等國採購。

過去一度傳出賽浦路斯想要向法國方面取得匿蹤型追風級（Gowind）巡邏艦，但遲遲沒有下文。

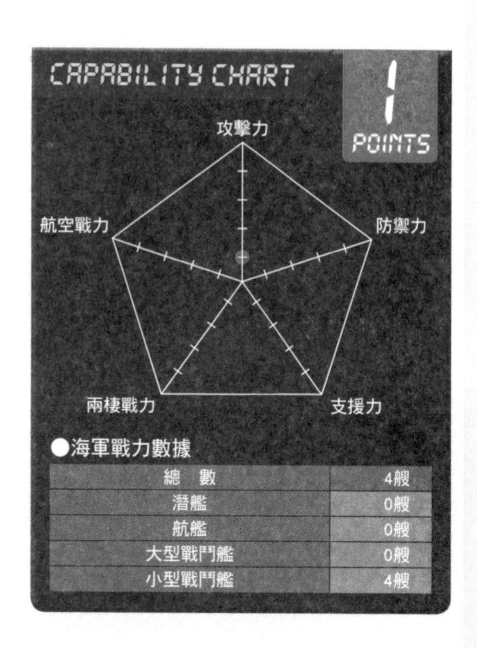

●海軍戰力數據

總　數	4艘
潛艦	0艘
航艦	0艘
大型戰鬥艦	0艘
小型戰鬥艦	4艘

由於債務問題，影響新型巡防艦的採用

希臘海軍

Hellenic Navy

海軍冷知識

德國造214型潛艦的首艦有漏水等問題，因此拒絕接收。經過修理之後才交艦。2號艦以後則是授權生產，在希臘的造船廠內建造。

埃利級（Elli）巡防艦卡納里斯號（Kanaris）。滿載排水量3688噸，搭載著8枚魚叉反艦飛彈。

希臘海軍擁有官兵約30000人，即使不計算支援艦艇，海軍艦艇也多達80艘，算是大規模的海軍。希臘海軍擁有7艘209／1000型潛艦，並且分批替換成214型潛艦。巡防艦是從德國引進的MEKO 200型海德拉級（Hydra）1艘，其餘3艘同型艦則是改為國產。

2009年時，曾傳言要從法國那裡取得6艘FREMM級巡防艦（滿載排水量6000噸以上），但是同年金融危機嚴重影響到希臘的公債等債務問題，因此停止了採購計畫。

到了2013年，再度向法國提出租借艦艇計畫，現在仍在協議中。希臘自古以來就和鄰國土耳其之間有島嶼和海域的糾紛，又因為賽浦路斯自治問題而對立，1960年代到1970年代甚至曾爆發海戰。可是兩國都是NATO加盟國，近來正逐步改善關係，2013年時更以兩國為中心舉行NATO聯合演習。

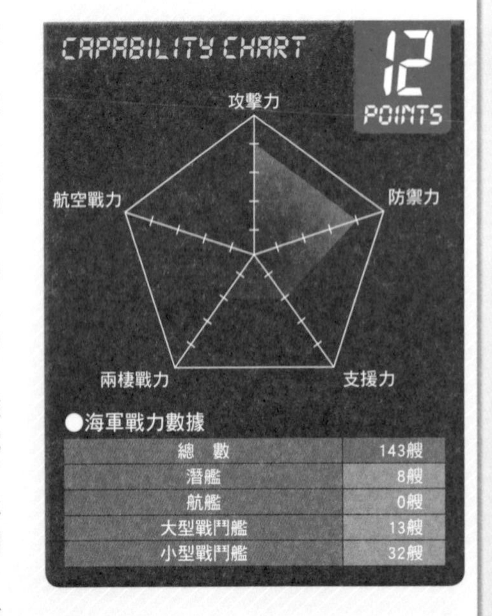

●海軍戰力數據

總　數	143艘
潛艦	8艘
航艦	0艘
大型戰鬥艦	13艘
小型戰鬥艦	32艘

脫離飛彈快艇海軍，期盼恢復昔日海軍

克羅埃西亞海軍

Croatian Navy

赫爾辛基級飛彈快艇武科瓦爾號（Vukovar）。艦上搭載8枚SAAB RBS反艦飛彈。

海軍冷知識

克羅埃西亞海軍備有特種部隊，配備數艘兩人搭乘的R-1、R-2瑪拉級潛艇，能夠裝載最多250kg的附著式水雷，可潛入停泊中的敵艦下方設置水雷。

克羅埃西亞海軍設立於脫離南斯拉夫的1991年，規模比南斯拉夫海軍小，現在擁有官兵1700人左右，含支援船在內、配備了約20艘艦艇。

海軍主力是4艘飛彈快艇，其中2艘是從希臘引進的赫爾辛基級（Helsinki）飛彈快艇（滿載排水量305噸），另2艘是國產的卡拉級（Kralj）飛彈快艇（396噸）。艇上搭載SAAB RBS反艦飛彈8枚。希臘造的快艇是建造於1980年代，因此積極尋找2艘120m等級的中古巡邏艦，期待在2020年以前達成目標。

此外，還有老化的巡邏艇需要汰換，預定要自行建造約10艘40m級巡邏艇。2009年克羅埃西亞加盟NATO，得以參加聯合訓練。也加入了由美國主導的「防擴散安全倡議（PSI＝Proliferation Security Initiative）」，2008年則是由克羅埃西亞主辦亞得里亞之盾08演習，以查緝海上不明船艦為演習目標。

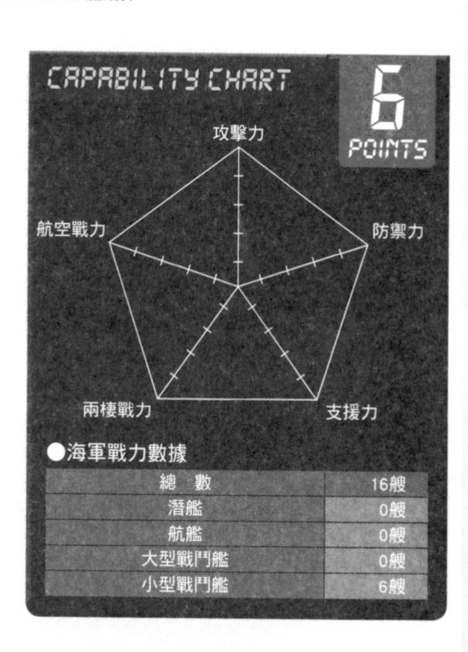

●海軍戰力數據

總　數	16艘
潛艦	0艘
航艦	0艘
大型戰鬥艦	0艘
小型戰鬥艦	6艘

以潛艦及匿蹤巡邏艦為主戰力的維京人後裔

瑞典海軍

Swedish Navy

海軍冷知識

冷戰時期為了迎戰蘇聯海軍，曾經配備沿岸砲兵部隊，冷戰結束後解編，只留下1個聯隊，並且開始編組專精兩棲戰鬥的兩棲作戰部隊。

偉士比級巡邏艦赫爾辛堡號（Helsingborg）。搭載SAAB RBS15反艦飛彈8枚。

過去曾經是「波羅的海霸主」，擁有小噸位戰艦的瑞典海軍，在第一次世界大戰結束後，為了對抗最大的假想敵——蘇聯海軍，把艦隊改組成潛艦與近海防衛用高速巡邏艦。

等到冷戰結束後，海軍縮減到只有6070人（含事務官和預備役），不過仍舊備有5艘潛艦、匿蹤能力強的偉士比級（Visby）等各型巡邏艦9艘，以及直升機49架。

瑞典海軍現在使用的5艘潛艦之中，有3艘哥特蘭級（Gotland）採用了跟日本海上自衛隊蒼龍級相同的AIP系統，是世界上最早採用AIP系統的海軍。而瑞典海軍目前則是計畫要在2019年淘汰老舊的西約特蘭級（Västergötland）潛艦，然後採用噸位更大、有AIP系統的新型潛艦。

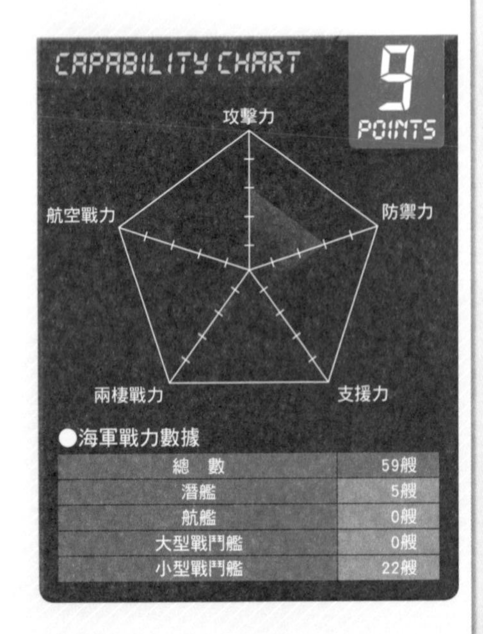

●海軍戰力數據

總　數	59艘
潛艦	5艘
航艦	0艘
大型戰鬥艦	0艘
小型戰鬥艦	22艘

繼承「無敵艦隊」傳統的海軍

西班牙海軍

Spanish Navy

兩棲突擊艦胡安・卡洛斯1世號。滿載排水量27514噸，艦上有6個直升機起降區。

海軍冷知識

胡安・卡洛斯1世號除了搭載直升機和獵鷹式之外，還可能搭載F-35B，因此頗受到各國矚目。而澳洲和土耳其則是配備了準同型艦。

在15～16世紀期間征服新大陸、發動多次大海戰、並取得勝利的西班牙「無敵艦隊」，進入20世紀之後，在內戰中轉變為獨裁政體，遭到他國排拒，海軍戰力也因此縮減。

不過改為民主制度後，西班牙加盟NATO，在美國的強力支援下重建海軍，現在持有大型兩棲突擊艦與神盾艦，在歐洲算是前五名的強大海軍。

現今的西班牙海軍擁有官兵22627人、艦艇89艘。水面戰鬥艦中包含有具備STOVL航艦機能的兩棲突擊艦胡安・卡洛斯1世號（Juan Carlos I）、搭載神盾系統的阿爾瓦羅・巴贊級（Álvaro de Bazán）巡防艦5艘、性能與武裝均衡的聖瑪麗亞級（Santa Maria）巡防艦6艘。潛艦方面則是致力於建造S-80A級，預計用來取代舊式潛艦。

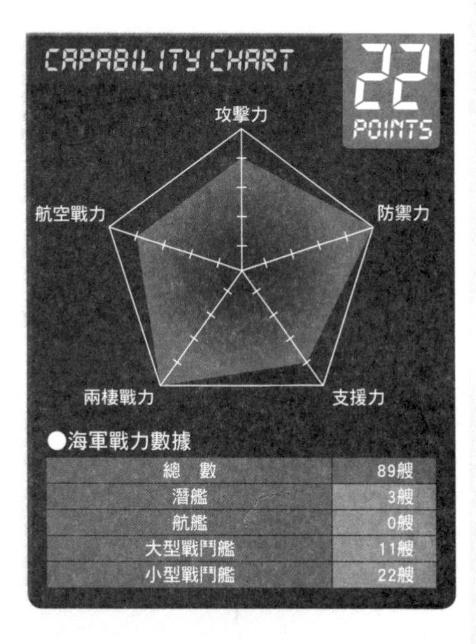

●海軍戰力數據

項目	數量
總　數	89艘
潛艦	3艘
航艦	0艘
大型戰鬥艦	11艘
小型戰鬥艦	22艘

56人、2艘巡邏艇鎮守領海，NATO最小的海軍

斯洛伐尼亞武裝部隊第430海軍部隊

Slovenian Armed Forces 430th Naval Division

海軍冷知識

2004年加入NATO與EU後，斯洛伐尼亞總統聲明要與世界上10個重要國家保持友好關係，其中也包括日本在內。

照片來源：斯洛伐尼亞海軍

螢火蟲級（Svetlyak）巡邏艇特里格拉夫號（Triglav）。2008年從俄羅斯購入。

斯洛伐尼亞的海軍戰力是武裝部隊轄下的第430海軍部隊，全員56人、僅配備2艘巡邏艇防衛領海，是NATO之中最小的海軍。話說回來，斯洛伐尼亞的海岸線只有30km，但是和日本海上自衛隊相較，船艦密度還高過日本。

其中1艘負責監視犯罪與漁業，隸屬在警察機關，算是警備艇，地位和日本海上保安廳或海上保安署相同。另一艘噸位較大的是俄羅斯造的特里格拉夫號（Triglav）巡邏艇（381噸），雖然船身不大，但搭載了4聯裝SA-N-10防空飛彈、1門30mm砲，艇上還有潛水員用壓力調節艙，以及2艘RHIB（硬式小艇）。

從以色列購入的巡邏艇安卡蘭號（Ankaran）滿載排水量59噸，搭載著2門20mm砲、2挺7.62mm機槍。直到目前為止，還沒公布任何改良或新造船艦的計畫。

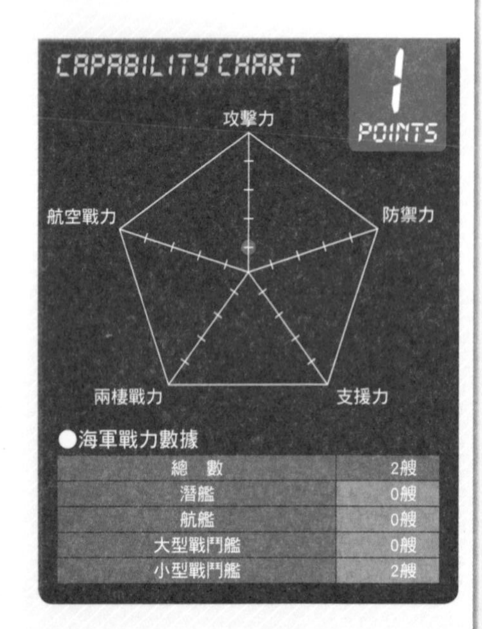

●海軍戰力數據

項目	數量
總　數	2艘
潛艦	0艘
航艦	0艘
大型戰鬥艦	0艘
小型戰鬥艦	2艘

設立於1883年，歷史悠久的河川海軍

塞爾維亞陸軍河川艦隊

Serbian Army River Flotilla

22型多用途登陸艇DJC412，玻璃纖維製船體，配備了5艘。

塞爾維亞是巴爾幹半島上的內陸國家，雖然不靠海，但是有跨越多國的多瑙河經過。多瑙河總長2860km，其中280km是在塞爾維亞境內，此外還流過波士尼亞・赫塞哥維納、克羅埃西亞、羅馬尼亞等國。包括支流與運河在內，河川總長約1626km，因此，有必要在陸軍轄下成立水域警戒用河川艦隊。

該部隊擁有官兵900人、艦艇15艘，和一般海軍類似，區分為「警備部隊」、「水雷作戰部隊」、「兩棲作戰部隊」等單位。

艦隊配備有滿載排水量53噸、全長21m的河川巡邏艇3艘，以及71噸27m的內斯頓級（Neston）掃雷艇，不僅用於掃雷，還可裝載24枚水雷，兼具布雷能力。

此外，還有43噸22.2m長的22型登陸艇，可以運送40名士兵。以及安裝著避免觸雷的消磁裝置的消磁艦，是非常稀有的艦種，船上還搭載著小型防空飛彈。

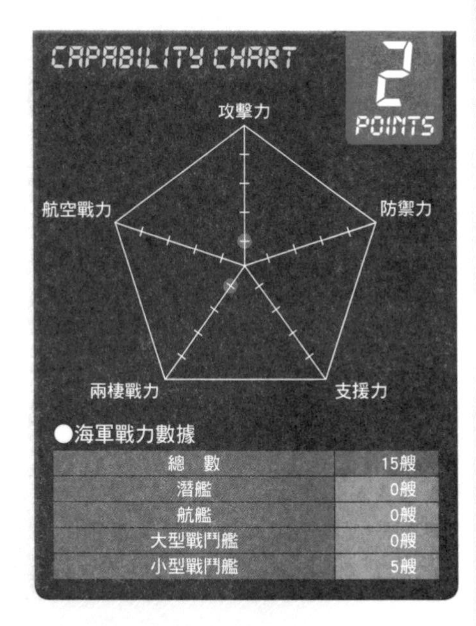

●海軍戰力數據

總　數	15艘
潛艦	0艘
航艦	0艘
大型戰鬥艦	0艘
小型戰鬥艦	5艘

海軍冷知識

河川部隊的起源，要回溯到鄂圖曼帝國領土內的塞爾維亞公國（1817年～1882年），當時曾建立艦艇部隊，和鄂圖曼帝國交戰，所以創建時間溯及1883年。

多用途艦艇打造成的精銳海軍

丹麥海軍

Royal Danish Navy

多用途支援艦阿布薩隆號，配備APAR防空系統和SMART-L立體3D雷達。

海軍冷知識

丹麥海軍曾前往索馬利亞海域進行對抗海盜的行動，2010年時，外派的阿布薩隆號就曾經和海盜交火。

冷戰時期，丹麥海軍身為NATO成員國，積極強化水雷戰能力，但冷戰終結後，海軍需要的是能夠對國際提供貢獻的艦種。在此背景下，丹麥開始追求具有遠洋航行力和水陸兩棲功能的艦艇。這是丹麥海軍的歷史變革。

丹麥海軍為了因應新任務，採用了兼具登陸艦與水面戰鬥艦功能的阿布薩隆級（Abutilon）多用途支援艦，這是概念與設計都很特異的艦種。

現在的丹麥海軍擁有官兵3770人，艦艇包含2010年代以來逐步服役的新銳艾佛・休特菲爾德級（Iver Huitfeldt）飛彈巡防艦在內，總計有68艘。

不過，潛艦部隊在2006年劃下句點，而艦載直升機也都改為空軍管轄，這些決策都是為了縮減海軍經費。

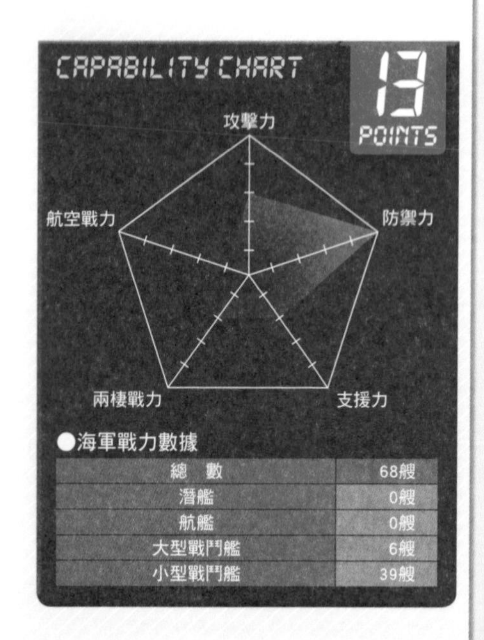

●海軍戰力數據

總　數	68艘
潛艦	0艘
航艦	0艘
大型戰鬥艦	6艘
小型戰鬥艦	39艘

和海自一樣從掃雷艇部隊重新開始

德國海軍

German Navy

巡防艦巴伐利亞號（Bayern）。1996年服役，2005年實施現代化改良。

海軍冷知識

德國統一後，東德海軍（國家人民軍海軍）艦艇都被德意志聯邦海軍接收，只留下少數支援艦艇，大多數艦艇都賣給了印尼等國家。

現在的德國海軍前身是德意志聯邦海軍，和日本海上自衛隊相同，一開始都是成立掃雷艇部隊，清除二戰時期盟軍在周邊海域布置的水雷。

不過，日本四面環海，為了保護領海，海自勢必採用大型的艦艇，這點和加入NATO的德意志聯邦海軍的狀況不同。NATO在冷戰時與華沙公約組織對立，德國海岸線面對波羅的海，成為第一線，所以海軍艦艇中有水面戰鬥艦、潛艦、和小型戰鬥艦。

冷戰終結後，東德西德統一，不再是分裂國家，於是在1995年更名為德國海軍，有時會在NATO管轄海域之外行動，或是參加維和行動等新型態的任務。

現在的德國海軍擁有官兵21300人，艦艇75艘，其中有12艘是具有遠洋作戰能力的巡防艦。現在的主力是3艘薩克森級（Sachsen）飛彈巡防艦，艦上搭載和荷蘭共同開發的防空系統。並且預定在

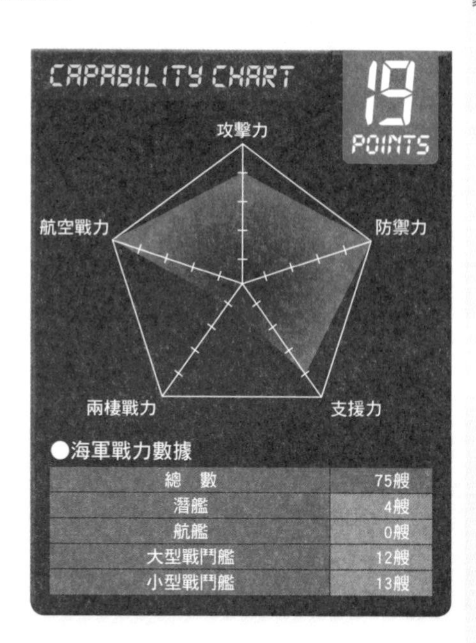

●海軍戰力數據

項目	數量
總　數	75艘
潛艦	4艘
航艦	0艘
大型戰鬥艦	12艘
小型戰鬥艦	13艘

照片來源：德國海軍

搭載著先進的防空系統APAR的薩克森級巡防艦黑森號（Hessen）。

海軍冷知識

德國的「U艇」在二戰中赫赫有名，戰果輝煌。其實「U」字母是Unterseeboot水下艦艇（潛艇）的簡稱，因此現代德軍潛艦也是「U艇」。

2016年以後追加4艘加強對地攻擊與支援特種部隊功能的巴登・符騰堡級（Baden-Württemberg）巡防艦。

小型水面戰鬥艦方面，從滿載排水量390噸的獵豹級（Gepard）飛彈快艇起家，逐步升級到滿載排水量1840噸的布倫瑞克級（Braunschweig）巡邏艦。為了在外海值勤，採用了滿載排水量20240噸的大型補給艦柏林級。

德國在第一、第二次世界大戰中，靠著潛艦戰力取得極大的戰果。新時代的德國海軍繼承這個傳統，雖然只有4艘，但都是配備AIP系統的212A型攻擊型傳統動力潛艦，近期又預定將潛艦增加到6艘。

德國艦載機聯隊在冷戰時期曾經採用龍捲風式作為反艦攻擊機，後來龍捲風式移交給空軍。現在的艦載機是韋斯特蘭山貓型（Westland Lynx）直升機，以及向荷蘭採購的中古P-3C反潛巡邏機。

照片來源：德國海軍

配備4艘的212A型潛艦U34。

照片來源：德國海軍

不來梅級（Bremen）巡防艦北薩克森號（Niedersachsen）。

照片來源：德國海軍

布倫瑞克號（Braunschweig）巡邏艦。

小規模卻配備神盾艦，北歐最強的海軍

挪威海軍

Royal Norwegian Navy

弗里喬夫・南森號巡防艦，搭載著神盾防空系統。

海軍冷知識

挪威王室愛搭遊艇早已不是新聞，當王室成員要到歐洲各國訪問、或是出遊時搭乘的王室專用遊艇挪威號（Norge），是由海軍來維護整備的。

挪威海軍兵員4140人，規模不算大，但是轄下卻擁有5艘神盾艦、以及6艘傳統動力攻擊型潛艦，戰力相當充實，稱為北歐最強也不為過。

現在水面戰鬥艦的主力是弗里喬夫・南森級（Fridtjof Nansen）神盾巡防艦，搭載的飛彈是ESSM（改良型海麻雀），射程比美、日採用的飛彈來得短，不過巡防艦採用高度自動化設計，艦上只需120名官兵即可操駕。

另外，在冷戰時期就致力於發展飛彈快艇，目前配備的是6艘盾牌級（Skjold），具備極佳的匿蹤性能，最高時速甚至達到60節。

潛艦有5艘烏拉級（Ula）在服役中，都是服役超過20年的老潛艦了，但是經過兩次現代化整備，直到現在仍舊持有第一線的性能。

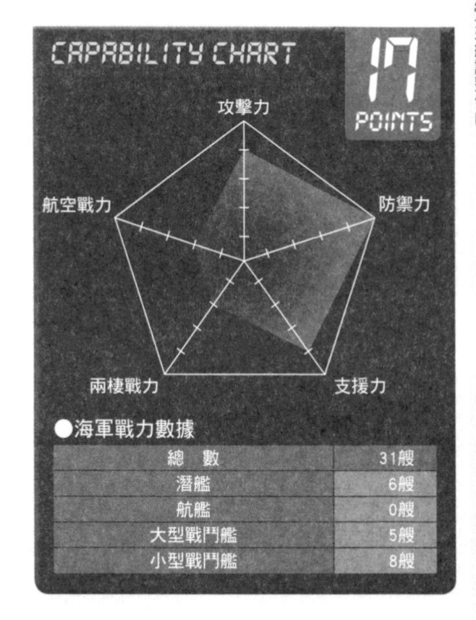

●海軍戰力數據

總　數	31艘
潛艦	6艘
航艦	0艘
大型戰鬥艦	5艘
小型戰鬥艦	8艘

轉型為專精快艇與掃雷艇的海軍

芬蘭海軍

Finnish Navy

拉烏馬級飛彈快艇拉赫號（Raahe）。搭載著6枚國產反艦飛彈。

海軍冷知識

芬蘭海軍轄下其實還有功能與海軍陸戰隊相似的烏西馬旅（Uusimaa），而這個旅則是配備了多艘能夠迅速登陸的兩棲快艇。

第二次世界大戰終結前，芬蘭海軍是個欠缺遠航能力的部隊，不過當時芬蘭擁有武裝強大的伊爾馬里寧級（Ilmarinen）海防戰艦與威尼丁級（Vetehinen）潛艦。

當二戰結束之後，芬蘭與前蘇聯訂定了和約，芬蘭海軍的戰力從此受到箝制。這使得芬蘭開始走向以小型快艇與掃雷艇為主的海軍。

現在的芬蘭海軍擁有官兵5450人、以及艦艇40艘。一如前一段所說，艦艇中有13艘，也就是有3分之1是掃雷艇和布雷艇，戰鬥艦艇則是4艘哈米納級（Hamina）、4艘拉烏馬級（Rauma）總計8艘飛彈快艇。

這兩級的飛彈快艇除了配備反艦飛彈外，還搭載著防空飛彈和火砲。與他國的飛彈快艇相比，戰鬥力確實比較強大。

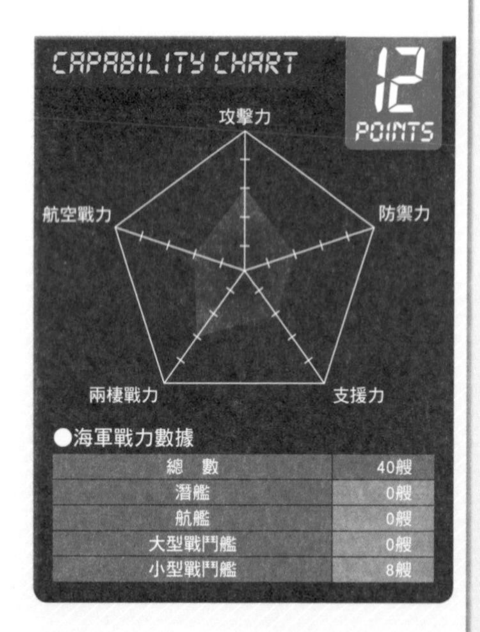

●海軍戰力數據

總　數	40艘
潛艦	0艘
航艦	0艘
大型戰鬥艦	0艘
小型戰鬥艦	8艘

貫徹法國的獨特性的海軍

法國海軍

French Navy

核動力航艦戴高樂級。

第二次世界大戰以後，歐美國家的海軍身為NATO的成員國，都各自發展符合NATO需求的海軍。唯有法國始終和美國主導的NATO採取不同路線，打造出獨立完整的法國海軍，充分反映出法國在歐洲的獨特性。

現在的法國海軍總兵力有官兵38040人，船艦總數139艘。這是俄羅斯之外，歐洲最具規模的海軍。

海軍艦艇的陣容，包括搭載著SLBM（潛射彈道飛彈）的凱旋級（Le Triomphant）核動力潛艦、紅寶石級（Rubis）攻擊型核動力潛艦。和義大利合作研發的水平線級（Forbin）飛彈驅逐艦、匿蹤性強的拉法葉級（La Fayette）巡防艦、西北風級（Mistral）兩棲突擊艦、以及戴高樂級（Charles De Gaulle）核動力航艦，戰力可說非常充實。

當然，既然擁有航艦，艦載機聯隊也很堅強。戴高樂號搭載的艦載機有達梭飆

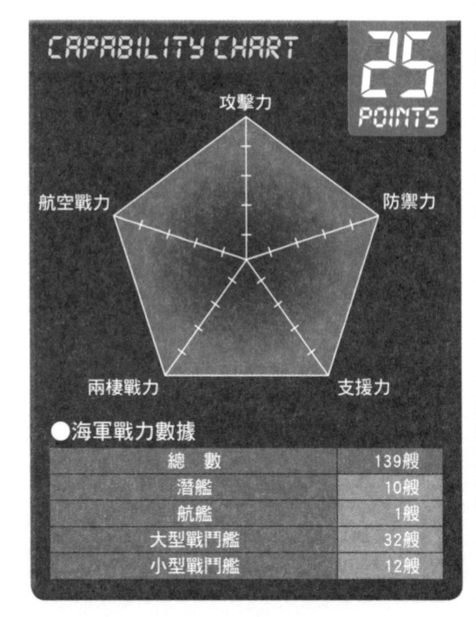

●海軍戰力數據

總　數	139艘
潛艦	10艘
航艦	1艘
大型戰鬥艦	32艘
小型戰鬥艦	12艘

海軍冷知識

法國除了海軍以外，還擁有位階類似他國海岸防衛隊的海上憲兵隊。海上憲兵隊是隸屬於國家憲兵隊旗下的部門，不過實際指揮統御是交給海軍參謀總長。

戰略核動力潛艦警戒號（Le Vigilant），艦上有16個飛彈發射艙，可發射國產的洲際彈道飛彈。

海軍冷知識

航艦戴高樂號上的飆風式艦載戰鬥機，能夠掛載、投射核彈，目前只有法國航艦能夠這樣運用戰術核彈頭。

颶風式、超級軍旗式、E-2C等，陸基的固定翼巡邏機是達梭大西洋式，艦載直升機則是NH90等，飛機的總數達327架，甚至勝過中、小國的空軍。

法國在印度洋和非洲持有海外郡縣等海外領土，必須時時派遣法國海軍巡邏警備，所以海軍準備了很多巡邏艇。

不過，和其他歐洲國家的海軍相似，法國海軍也處於預算不足的狀態。雖然海軍想要建造戴高樂級的2號艦PA2，但陷於預算不足，第2艘航艦的計畫始終停滯在原地。

福爾賓級（Forbin）驅逐艦。

兩棲突擊艦西北風號。

還有，日漸老化的卡薩德級（Cassard）、喬治・萊格級（Georges Leygues）、圖維爾級（Tourville）等3型驅逐艦，原本要用後繼的阿基坦級（Aquitaine）來汰換，最初預計建造17艘，但受限於預算，不得不減少到11艘。這顯然會造成法國海軍戰力低落。

自1990年代起經濟惡化，導致海軍走向舊式化

保加利亞海軍

Bulgarian Navy

照片來源：Jorge Guerra Moreno

瑞西特尼級（Reshitelni）（帕克I）飛彈快艇瑞西特尼號，1989年從蘇聯取得。

海軍冷知識

曾經向蘇聯引進許多水雷戰艦艇，艦齡多半有30年～40年，但欠缺後繼艦艇，可見經濟惡化直接影響到海軍戰力。

保加利亞面對黑海的那一側，有長達250km的海岸線，但是海軍似乎從來沒有跨出黑海。保加利亞海軍有4000人左右，艦艇約40艘～50艘。自從加盟NATO之後，就以黑海為重心，執行NATO交付的任務（NATO黑海輔助任務部隊），和不遠的土耳其海軍有所交流。

主力艦是2004年至2008年期間向比利時購買的中古艦艇威林根級（Wielengen）巡防艦（滿載排水量2469噸），一併採用了海麻雀防空飛彈和電子作戰支援設備，讓艦艇得以現代化。

後方甲板增設了直升機甲板，改造工程在2014年完成，搭載著法國製AS565MB美洲獅巡邏直升機。另外，在1989年時，曾向蘇聯引進毒蜘蛛級（Tarantul）飛彈快艇1艘、帕克I級（1241P型）飛彈快艇2艘、奧薩級（OSA）（205型）飛彈快艇3艘。

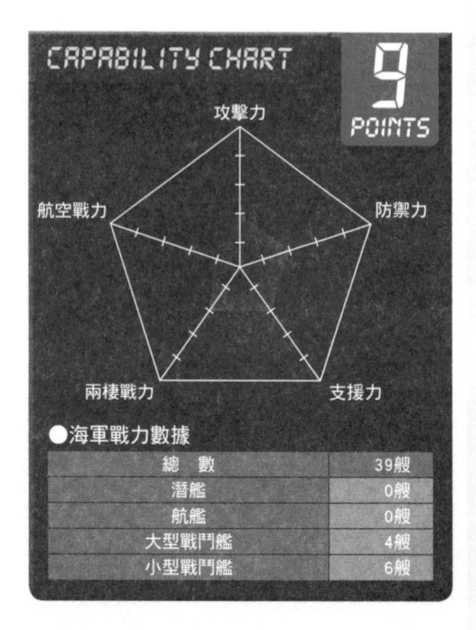

●海軍戰力數據

總　數	39艘
潛艦	0艘
航艦	0艘
大型戰鬥艦	4艘
小型戰鬥艦	6艘

兼任海岸防衛隊的海軍

比利時海軍

Belgian Navy

照片來源：比利時海軍

M型（道爾曼級）巡防艦路易斯・瑪麗號（Louise-Marie）。滿載排水量3373噸。

海軍冷知識

比利時的鄰國盧森堡沒有海軍，但是因為是NATO成員國之一，仍舊會支付海軍相關費用。比利時和荷蘭則會組成聯合艦隊，由荷比盧海軍司令來指揮。

比利時並不太在意海軍戰力，從1831年創建海軍，到第二次世界大戰爆發這段期間，就出現過2次因為缺乏預算而面臨廢除的窘境。

第二次大戰後重建的海軍，以NATO成員的身分執行任務，但2002年起，比利時決定統合陸海空軍，成為聯合部隊，此後海軍就成了轄下的海軍部隊，負責搜索救難、漁業管理等工作。任務型態類似其他國家的海岸防衛隊。

現在的比利時海軍擁有官兵2127人、艦艇12艘、飛機11架。水面戰鬥艦有2艘是從荷蘭購入的道爾曼級（Karel Dorman）巡防艦，在出任務和演習時會和荷蘭海軍組成聯軍。

自從採用道爾曼級以後，就將機庫和甲板加大，以便搭載NH90直升機。至於6艘三國級（Tripartite）掃雷艇，則被編入NATO的常設水雷戰部隊中。

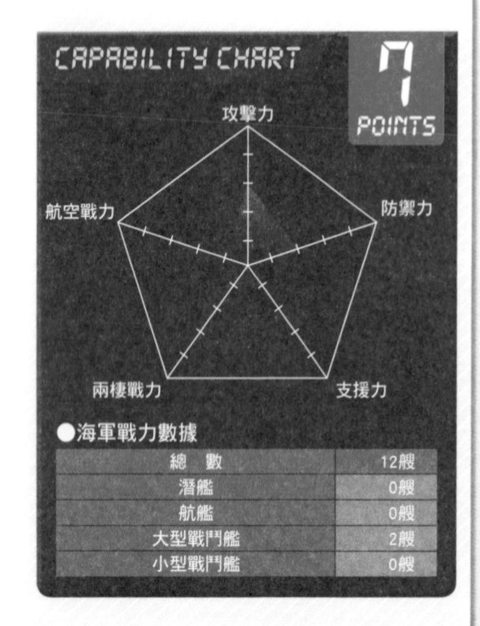

●海軍戰力數據

總　數	12艘
潛艦	0艘
航艦	0艘
大型戰鬥艦	2艘
小型戰鬥艦	0艘

同時擁有東西兩陣營艦艇的海軍

波蘭海軍

Polish Navy

派里級巡防艦塔迪伍斯・柯斯切斯科將軍號（General Tadeusz Kosciuszko），公元2000年服役。

海軍冷知識

波蘭的海軍規模雖小，但是造船技術卻很好。冷戰時期曾經幫忙建造蘇聯海軍用的蟾蜍級（Ropucha）登陸艦等許多艦艇。

第二次世界大戰後重建的波蘭海軍，因為加入華沙公約組織，所以配備的主力艦艇一律是蘇聯開發的艦艇。

直到冷戰結束後，波蘭轉向加入NATO，從這時起，陸軍開始採用豹2式戰車，空軍引進F-16戰機，同樣的，海軍也添購了西方陣營打造的艦艇。

現在的波蘭海軍總兵力約有8000人，擁有艦艇56艘。從西方陣營購買的艦艇包括美國海軍的派里級巡防艦、挪威海軍的柯本級（Kobben）潛艦。前者是30年的老船，後者是40年前建造，兩者都還在波蘭海軍的第一線上服役。

另一方面，前東德的奧爾康級（Orkan）飛彈快艇、冷戰時期向蘇聯採購的基洛級潛艦等東方陣營的艦艇，也依舊在海軍中服役。

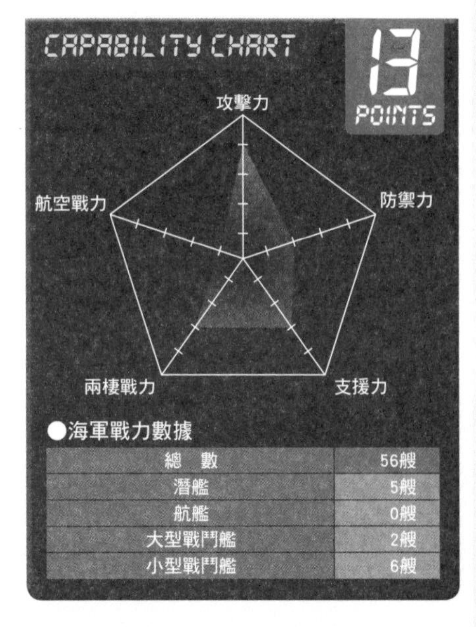

●海軍戰力數據

總　數	56艘
潛艦	5艘
航艦	0艘
大型戰鬥艦	2艘
小型戰鬥艦	6艘

繼承大航海時代傳統的海軍

葡萄牙海軍

Portuguese Navy

海軍冷知識

在國防部長的主持下，葡萄牙海軍在2014年4月進行艦載無人機的飛行測試，卻不慎墜機，影片被上傳到影片網站，成為全球的新聞話題。

荷埃・康提諾級（João Coutinho）巡防艦培拉迪卡將軍號（General Preira D'eca）。

葡萄牙海軍是為了和伊斯蘭勢力對抗而創建，在大航海時代達成了發現印度洋航路等眾多豐功偉業。第二次大戰終結後，隨之而來的是葡萄牙殖民地戰爭，等到戰事終止，葡萄牙加入NATO，一直到今天，都以北約成員國身分活動。

現在的葡萄牙海軍擁有官兵7499人、艦艇41艘、飛機34架。潛艦採用備有AIP系統的德國造209PN型2艘，巡防艦有荷蘭造道爾曼級2艘和德國造達伽馬級（Vasco da Gama）3艘，稱得上是NATO海軍戰力的中堅。

葡萄牙海軍最大的敵人是預算不足。新型船塢型登陸艦阿布奎基號（Afonso de Albuquerque）的建造、達伽馬級戰力提升計畫的現代化改良，都因為缺乏預算而暫停。

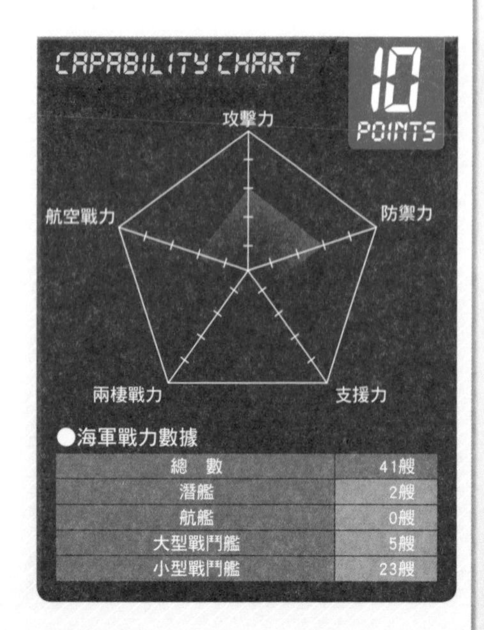

●海軍戰力數據

總　數	41艘
潛艦	2艘
航艦	0艘
大型戰鬥艦	5艘
小型戰鬥艦	23艘

與馬爾他島起源「馬爾他騎士團」是不同的組織

馬爾他武裝部隊海上戰隊

Maritime Squadron of the Armed Forces of Malta

柏姆斯級（Bremse）巡邏艇P32。滿載排水量43噸，搭載1挺12.7mm機槍。

馬爾他是個海岸線長130km的島國，海軍戰力是歸於馬爾他武裝部隊轄下的海上戰隊。海上戰隊全員約240人，配備艦艇15艘。主力艦是1艘滿載排水量399噸的沿岸巡邏艇、以及2艘92噸巡邏艇，林林總總加起來有8艘巡邏艇。

因為得到EU（歐盟）的特別預算，引進了義大利造攔截型（Interceptor）快艇，航速高達50節，撥交給特種部隊使用。馬爾他海上戰隊創立於1970年，不過說起馬爾他島的海上戰力，最早可以追溯到1500年左右的聖約翰騎士團（後來改名馬爾他騎士團）所擁有的水面部隊。

由於馬爾他島位於地中海的要衝，歷史上曾被鄂圖曼帝國軍、拿破崙軍、英軍占領過，現在的馬爾他共和國是1964年從英國獨立出來的。過去那個隸屬於馬爾他騎士團的「國家」，現在早已經不存在。馬爾他目前已經和94國建交，並且在聯合國取得了觀察員的身分。

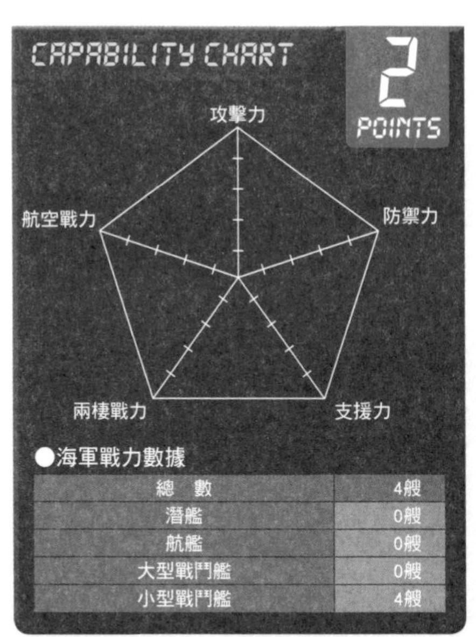

●海軍戰力數據

總　數	4艘
潛艦	0艘
航艦	0艘
大型戰鬥艦	0艘
小型戰鬥艦	4艘

海軍冷知識

馬爾他島的英國海軍基地在1917年時，曾遭到奧地利軍潛艇的魚雷攻擊而損失慘重。舊日本海軍驅逐艦榊號也遭攻擊，如今馬爾他還留存著「大日本帝國海軍第二特務艦隊戰死者之墓」，祭祀當時的陣亡者。

南斯拉夫時期的2艘戰鬥艦已經除役，只剩2艘戰鬥艦

蒙特內哥羅海軍

Montenegrin Navy

柯托級巡防艦P34，搭載4枚冥河反艦飛彈。

海軍冷知識

海軍持有三桅訓練用帆船買德蘭號（Jadran、737噸），這是1933年德國造的帆船，雖然維護費用很高，但是被視為海軍的象徵性存在。

蒙特內哥羅在巴爾幹半島上，面對亞得里亞海，海岸線長100km。海軍約有450人，戰鬥艦僅有2艘。主力艦是滿載排水量1900噸的柯托級（Kotor）巡防艦。這是蒙特內哥羅從南斯拉夫獨立出來時，移交給塞爾維亞．蒙特內哥羅海軍的艦艇。艦上搭載SA-N-4防空飛彈、SS-N-2C反艦飛彈等，幾乎整個戰鬥系統都是蘇聯式的。

直到不久前，還持有2艘蘇聯造柯尼級（Koni）巡防艦，但是可靠消息確認，都在2012年被解體了。現在戰鬥艦只剩2艘，還有2艘22型登陸艇（LCU），搭載20mm砲和30mm迫擊砲、以及搭載20mm砲的拖船1艘。

蒙特內哥羅在2010年成為EU加盟候選國，但是在2006年就已經和NATO協議，獲准加入PIP（伙伴關係），將來成功加入的話，勢必要強化海軍戰力。

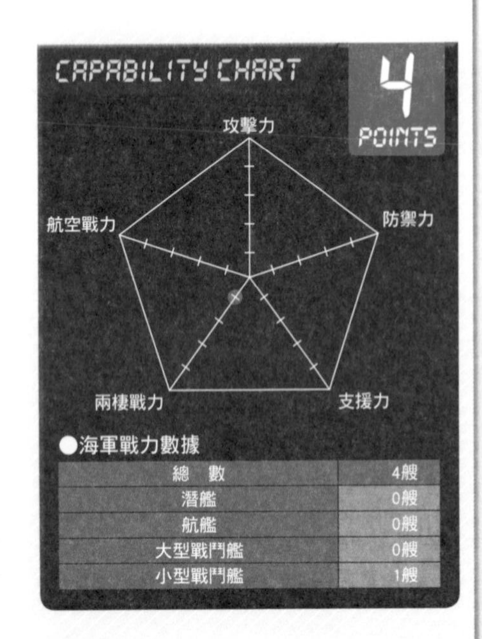

●海軍戰力數據

總　數	4艘
潛艦	0艘
航艦	0艘
大型戰鬥艦	0艘
小型戰鬥艦	1艘

隸屬於NATO波羅的海艦隊，是水雷戰的主力

拉脫維亞海軍部隊

Latvian Naval Forces

照片來源：Lukasz Golowanow

威德級布雷艦威爾薩提斯號（Virsatis），是2003年向挪威購買的中古艦艇。

拉脫維亞是波羅的海三小國裡位於中央的國家，海岸線長約100km。拉脫維亞海軍部隊有600名官兵（含沿岸警備隊員），主力是6艘水雷作戰用的艦艇。

噸位最大的是滿載排水量1524噸的威德級（Vidar）布雷艦，搭載40mm砲，具備水雷戰母艦的功能。另有5艘阿克馬級（Alkmaar）掃雷艇，除了指揮與支援任務外，還能夠當成訓練船。滿載排水量127噸的斯庫朗達級（Skrunda）巡邏艇則採用了少見的雙船體，這是為了讓RHIB型救難小艇能從艦艉進出而設計，因此兼具有執行搜索救難任務的能力。武裝是12.7mm機槍，亦可更換為35mm砲。

拉脫維亞海軍部隊在NATO的架構中，被歸類在波羅的海三小國共同組成的波羅的海軍艦隊（BALTRON）。由於BALTRON沒有大型戰鬥艦，因此主要任務是支援NATO聯軍，並且在沿海從事警備任務。

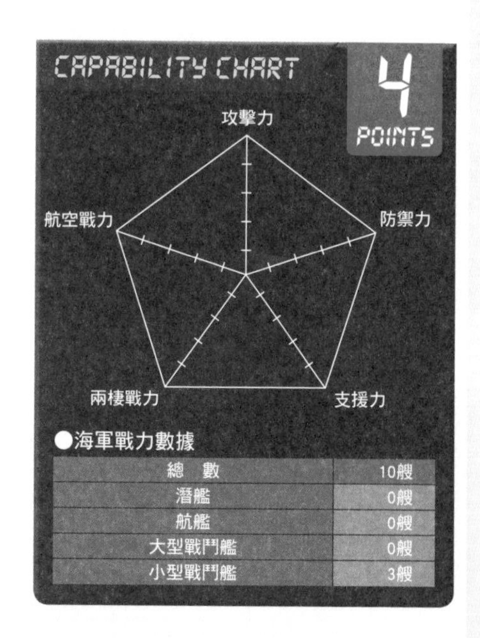

●海軍戰力數據

總　數	10艘
潛艦	0艘
航艦	0艘
大型戰鬥艦	0艘
小型戰鬥艦	3艘

海軍冷知識

2004年起，海岸防衛隊及國境警備隊都納入海軍部隊轄下，總計配備18艘巡邏艇。此外還有航空隊，配備2架Mi-8直升機用於搜索救難。

因為財政惡化，從公元2000年起引進各國的老舊艦艇

立陶宛海軍部隊

Lithuanian Naval Force

海軍冷知識

立陶宛在2004年加盟NATO，因此被編入波羅的海艦隊BALTRON（由波羅的海三小國組成的聯合海軍）。

威德級布雷艦約特芬吉斯號（Jotvingis），2006年向挪威購買的中古艦艇。

面向波羅的海的立陶宛海軍部隊，有官兵633人、含支援艦艇在內共有12艘艦艇，算是小規模海軍。主力是水雷戰艦艇。噸位最大的威德級（Vidar）布雷艦（滿載排水量1750噸）是2006年向挪威購得的中古軍艦（1977年完工），艦上除了2門40mm砲之外，還有水雷布雷設備。

掃雷艇方面，1999年和2001年向德國購買中古林道級（Lindau）掃雷艇，2艘建造於1957年，算算艦齡已經超過50年。2011年又向英國購買2艘建造於1982年的狩獵級（Hunt）掃雷艇。雖然這些老舊艦艇都經過現代化改裝，但不諱言都是可以放進博物館的船艦了。

2005年，從丹麥取得了能夠載運潛水員（水雷處理員）的小艇，但是都是1941年造的舊貨。總之，這10年來購入的幾乎都是老舊艦艇。雖然立陶宛海軍也想要汰舊換新，但受限於財政困難而難以推動，這是國家財政對海軍造成的直接影響。

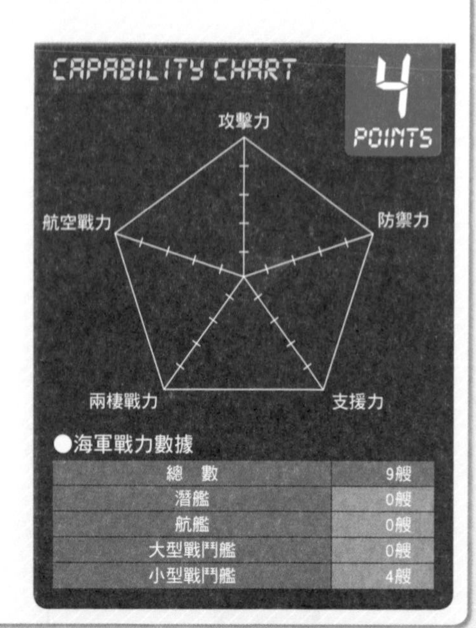

●海軍戰力數據

總　數	9艘
潛艦	0艘
航艦	0艘
大型戰鬥艦	0艘
小型戰鬥艦	4艘

從英國引進沒有搭載飛彈的22型巡防艦

羅馬尼亞海軍部隊

Romanian Naval Forces

照片來源：羅馬尼亞海軍部隊

毒蜘蛛級（Tarantul）飛彈快艇普瑞斯卡魯索號（Prescarusul）。搭載4枚冥河反艦飛彈。

海軍冷知識

羅馬尼亞擁有1艘蘇聯造的基洛級潛艦，不過長期沒有運作，可能已經除役，也沒有後繼潛艦計畫。

羅馬尼亞面向黑海，有長約200km的海岸線。海軍官兵約7800人，主要艦艇30艘。以領海面積來說，算是戰力很密集的海軍。

其中有2艘前英國海軍的22型第2批次巡防艦（滿載排水量4877噸），造於1984年，在2001年除役，2004年賣給羅馬尼亞。不過，艦上的MM38飛魚反艦飛彈和GWS25防空飛彈都被拆除，只留下76mm砲和魚雷發射管。單就76mm砲艦來說，噸位大得有些誇張。未來想必會追加飛彈發射系統，不過飛彈種類尚未決定。在購得22型巡防艦之前，羅馬尼亞海軍部隊象徵是國產的巡防艦馬拉塞斯提號（Marasesti、5790噸）。艦上配備P-80反艦飛彈8枚、RBU-6000反潛火箭2座，是重武裝艦艇。此外，還有4艘泰塔爾（Tetal）I、II級巡邏艦（1524噸），和艾皮托級（Epitrop）魚雷艇3艘等，以及另外5艘小型艦艇，都是在國內建造。

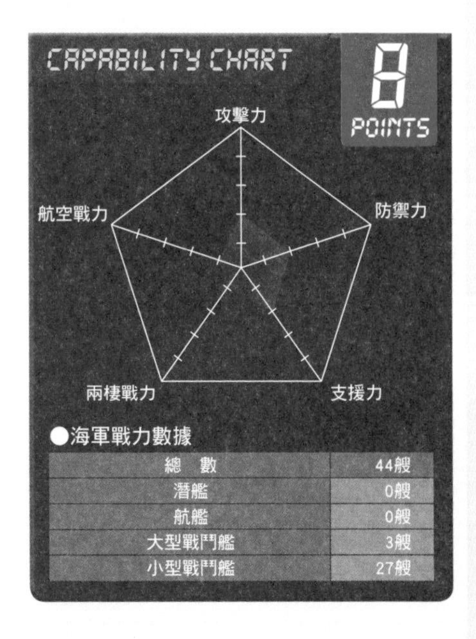

●海軍戰力數據

總　數	44艘
潛艦	0艘
航艦	0艘
大型戰鬥艦	3艘
小型戰鬥艦	27艘

為了恢復「俄羅斯強權」形象而重新打造海軍

俄羅斯海軍

Russian Navy

海軍冷知識

俄羅斯海軍在硬體層面逐漸恢復，可是官兵薪水很低，導致軍人犯罪層出不窮。1999年3月還發生過軍官盜領伙食費，導致士兵餓死的慘劇。

巡洋艦瓦良格號（Varyag），配置在太平洋艦隊海參崴基地。

推動俄國近代化的彼得大帝，他在17世紀創建了海軍，從此俄國海軍一直發展到20世紀初，變成了全世界數一數二的大規模海軍。

可是革命之後誕生的蘇維埃聯邦，把帝制俄國時代的藍水海軍（遠洋海軍）縮減成防備沿岸的黃水海軍（沿岸海軍），致力於生產適用於沿岸防禦的小型潛艇與快艇。

第二次世界大戰結束後，這個方針依舊持續。可是，1962年發生古巴飛彈危機，蘇聯不得不屈服於美國海軍的壓力，加上美國有強大的戰略核動力潛艦威脅，此後蘇聯就開始建造具備外海航行能力的水面戰鬥艦。

蘇聯崩潰後，新生的俄羅斯海軍因為國防預算大幅刪減，無法開發新型艦艇，就連既有艦艇也沒辦法做現代化改良。戰力衰弱，難以和過去蘇聯的強大海軍比擬。不過，以復興「強大俄羅斯」為號召的普丁掌

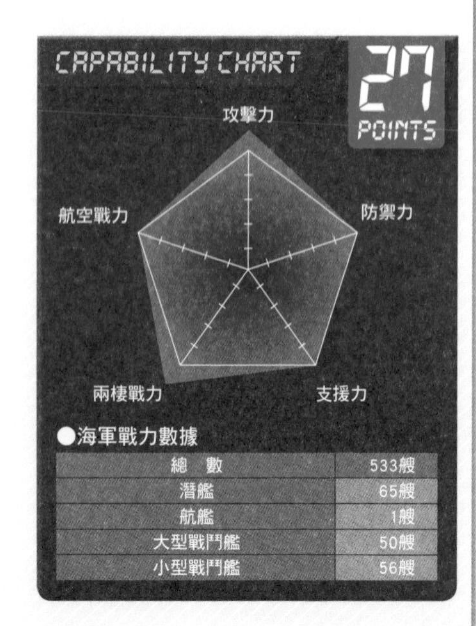

●海軍戰力數據

項目	數量
總　數	533艘
潛艦	65艘
航艦	1艘
大型戰鬥艦	50艘
小型戰鬥艦	56艘

1988年時配備4艘的維克多III級（Victor）核動力潛艦。

權之後，就再度展開恢復海軍戰力的計畫。

現在的俄羅斯海軍擁有145000名官兵，艦艇533艘，僅次於美國、中國，是世界第三大海軍。至於艦艇數則是第二名，僅次於中國。因為質與量都不及歐美各國的大型戰鬥艦，於是拿出前蘇聯時代推動中的艦載機聯隊，包含航艦和水面艦艇的艦載機139架，此外還有陸基的Tu-22逆火式轟炸機與Su-24擊劍手式攻擊機等，陸基定翼機160架。

俄羅斯擁有水上戰鬥艦、潛艦、艦載機聯隊、以及相當於他國陸戰隊的海軍步兵部隊，這些戰力被分割配置在北方艦隊、太平洋艦隊、波羅的海艦隊、黑海艦隊、裏海小艦隊這5支艦隊中。

隱匿性大幅提昇的俄羅斯攻擊型核動力潛艦阿庫拉級（Akula）。

登陸艦佩列斯韋特號（Peresvet）。

水面戰鬥艦中有俄羅斯唯一一艘航艦，名叫海軍上將庫茲涅佐夫號（Admiral Kuznetsov），以及現在世界最大的水面戰鬥艦基洛夫級（Kirov）飛彈巡洋艦，還有無畏級（Udaloy）級飛彈驅逐艦，以及前蘇聯時代建造的軍艦。截至目前為止，重建俄羅斯海軍之後才開始服役的水面戰鬥艦，只有內烏斯特拉席尼級（Neustrashimyy）巡防艦2艘而已。

為了替代老舊艦艇，俄羅斯著手建造海軍上將格里戈洛維奇級（Admiral

海軍冷知識

俄羅斯在2014年8月曾在宗谷海峽北部，俄羅斯領海一帶偵測到海自的潛艦親潮號，並且一路追蹤。海上自衛隊潛艦被外國發現、並且大肆宣傳，這是很少有的特例。

照片來源：Tungsten

2007年起開始配備的新型守護級（Steregushchiy）巡防艦。

海軍冷知識

美軍和NATO在二戰結束後經常舉辦聯合演習，但俄羅斯海軍要等到公元2000年後，才和其他國家進行聯合演習，看來多國聯合演習還有很長的路要走。

Grigorovich）巡防艦（6艘）、海軍上將高希可夫級（Admiral Gorshkov）（4艘）等兩款飛彈巡防艦。同時，在庫茲涅佐夫號上搭載MIG-29，將長期封存的基洛夫級3號艦海軍上將納希莫夫號（Admiral Nakhimov）投入現代化改良，期望能恢復現役。

總數多達65艘的潛艦，大都是前蘇聯時期建造的。不過2013年起，戰略核動力潛艦北風之神級（Borey）1、2號艦相繼完工服役，而搭載SLCM（潛射巡弋飛彈）的攻擊型核動力潛艦亞森級（Yasen）等新戰力也逐步加入海軍。

水陸兩棲用艦艇是直接複製法國西北風級（Mistral），自行建造海參崴級（Vladivostok）兩棲突擊艦2艘。

照片來源：Hohum

航艦海軍上將庫茲涅佐夫號。

再者，俄羅斯擁有邊境警備隊，地位類似他國的海岸防衛隊，轄下配備了風暴海燕級（Krivak）巡防艦，必要時也能當成軍艦來使用。

照片來源：美國海軍

巡防艦內烏斯特拉席尼號。

巡洋艦基洛夫號。滿載排水量24690噸，是全球最大的巡洋艦。

南努契卡級（Nanuchka）飛彈快艇，配備6枚SS-N-9反艦飛彈。

航艦庫茲涅佐夫號的艦載機Su-33戰鬥機。

現代級（Sovremennyy）驅逐艦貝祖德齊尼號（Bezuderzhnyy）。

海軍冷知識

1970年代後期，明斯克號（Minsk）航艦和伊凡．羅戈夫號（Ivan Rogov）登陸艦被調派到遠東，在日本國會引發議論。清楚顯示冷戰時期蘇聯海軍戰力的增強，對日本造成了多方面的影響。

水面戰鬥艦的戰鬥類型〔前篇〕

巡洋艦、驅逐艦、巡防艦、巡邏艦等水面戰鬥艦，為了盡可能達成更多任務，會搭載適用於各種戰鬥狀況的武器。能夠因應的戰鬥類型越多，軍艦的多用途性就越高，讓軍艦在戰鬥時能夠因應多種戰況，但相對的，這也會造成噸位增加，造船經費也隨之高漲。

防空作戰

這是對抗敵方飛機或敵方反艦飛彈的戰鬥。先用雷達偵測目標，然後用防空飛彈、主砲、機砲等武器來攔截。敵方戰機和反艦飛彈會朝艦艇打出偵測電波，艦艇可以用ECM裝置發出妨礙電波，保護自身。當飛彈快速接近時，會啟動近迫防禦武器系統（CIWS）的機砲加以擊落，至於發射熱焰彈（Flare）和干擾箔片（Chaff、Decoy）則是最後的防禦手段。

近年來，戰鬥艦的防空能力大幅提昇，讓海軍日益增強。例如搭載神盾、APAR等，從性能最強式樣到低價式樣，系統種類繁多，這些戰鬥艦都變成了海軍最倚重的主力。另外，近來許多軍艦採用匿蹤設計的船身，這也成為戰鬥艦的潮流。

發射SM-2標準防空飛彈的美國海軍驅逐艦霍伯號（Hopper）。

土耳其海軍驅逐艦巴巴羅斯號（Barbaros）。
照片來源：土耳其海軍

Section 4

全球123國海軍戰力完整絕密收錄

西亞地區

得到美國的強大友好支援

亞塞拜然海軍

Azerbaijani Navy

海軍冷知識

早在1918年時，就已經創設了亞塞拜然民主共和國海軍，備有6艘軍艦，但後來加入蘇聯之後，都被蘇聯海軍收編。

斯廷卡級（Stenka）巡邏艇S006。滿載排水量257噸，搭載4門30mm砲。

亞塞拜然海軍創建於1992年，擁有兵力5000人、艦艇約30艘、飛機6架。其中包含執行偵察與特種作戰任務的4艘小型潛艇，1艘滿載排水量1100噸的最大水面艦艇佩特亞級（Petya）巡防艦，6艘滿載排水量840噸、可搭載8輛裝甲車的北方級（Polnocny）登陸艇，7艘掃雷艇、及超過13艘以上的飛彈快艇與巡邏艇。

亞塞拜然海軍轄下備有海軍特種部隊，類似土耳其海軍特種部隊SAT和美國海軍SEALs，接受民營黑水（Black Water）軍事公司的特戰訓練。

除此之外，美國的雷達關係企業也協助亞塞拜然海軍提升射控系統。為了加強裏海的安全保障，編組了由美國中央司令部主導的裏海警備保障部隊，與哈薩克海軍協同警備裏海安全。並且加入了NATO的PfP（和平伙伴關係）。

●海軍戰力數據

總　數	22艘
潛艦	0艘
航艦	0艘
大型戰鬥艦	1艘
小型戰鬥艦	9艘

建立沿岸警備力之後，接著要強化登陸戰力

阿拉伯聯合大公國海軍

United Arab Emirates Navy

穆巴拉茲級（Mubaraaz）飛彈快艇穆巴拉茲號。滿載排水量264噸，搭載有MM40飛魚飛彈4枚。

海軍冷知識 UAE位於波斯灣入口，除了是觀光勝地，也和經常在波斯灣出入活動的美國海軍艦艇（包含航艦）保持友好關係。

阿拉伯聯合大公國（UAE）海軍創建於1971年，擁有官兵2400人，以小型艦艇為主要裝備，艦艇數量約有90艘。最大型的艦艇是3艘滿載排水量1650噸的阿布達比級（Abu Dhabi）巡防艦，艦上搭載4枚MM40飛魚反艦飛彈、76mm快砲1門、30mm機砲砲塔2座。

再小一點的是930噸的6艘貝努納級（Baynunah）巡邏艦，武裝配備和阿布達比級相同，而且加裝了ESSM防空飛彈8枚。以上這9艘就是主力艦艇。

此外，還有其他型號的巡邏艦2艘、高速巡邏艇8艘。在海軍轄下，有1個營的陸戰隊和BMP-3裝甲車，7艘登陸艦、4艘登陸艇、1艘高速支援艦等。現在在瑞典企業的協助下，正要建造24艘搭載防空飛彈的高速登陸艇。

海軍轄下除了正規艦艇外，還另外配備了35艘巡邏艇，用於執法及搜索救難。

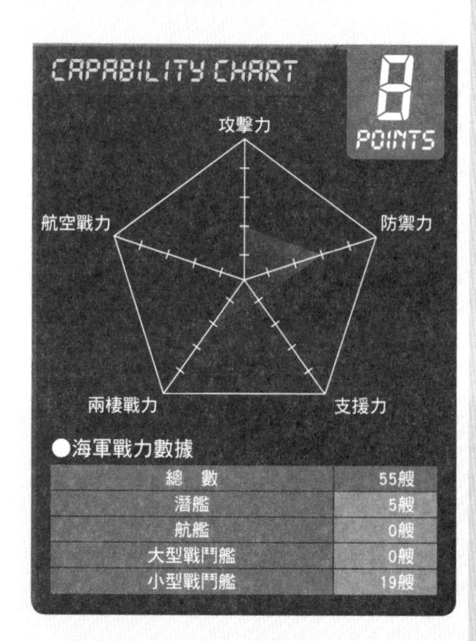

●海軍戰力數據

總　數	55艘
潛艦	5艘
航艦	0艘
大型戰鬥艦	0艘
小型戰鬥艦	19艘

採用小型巡邏艇來因應反恐任務及對抗海盜

葉門海軍

Yemeni Navy

海軍冷知識

公元2000年時，停泊在葉門首都亞丁港的美國海軍神盾艦柯爾號，遭到蓋達恐怖分子的炸彈快艇突襲，造成17名官兵死亡，艦艇也被炸到無法行動。

Austal海灣級巡邏艇P-1023。滿載排水量91噸，搭載14.5mm雙聯裝機槍1座、12.7mm機槍2挺。

葉門海軍創建於1990年南、北葉門統一時。海軍統領1700名官兵，擁有8艘蘇聯造奧薩級（OSA）飛彈快艇、3艘中國造037型驅潛艇、1艘蘇聯造北方級（Polnocny）登陸艦、3艘掃雷艇，總計有35艘各式艦艇。

其中最新銳的是澳洲製造的10艘海灣級（Bay）巡邏艇。以葉門1650km長的海岸線來說，只配備25艘小型巡邏艇，無法隨時監視海岸，結果就是造成索馬利亞海盜猖獗，以及蓋達恐怖組織從亞丁灣滲透到國內的事實。

在中東國家中，葉門是極為少見的非產油國。因此經濟困頓，無法取得足夠的軍事費用。沿岸巡邏艇也欠缺戰力，只能對抗海盜與防範恐怖組織，再來就是查稅等警察的任務。

日本海上保安廳曾經和葉門海警機關合作，支援對抗海盜的行動。

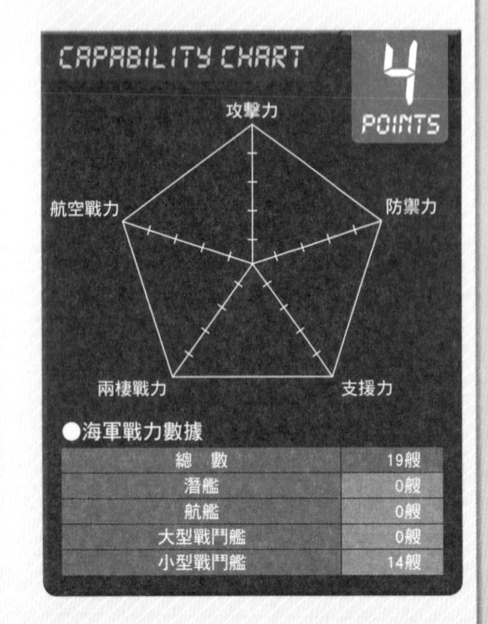

●海軍戰力數據

項目	數量
總　數	19艘
潛艦	0艘
航艦	0艘
大型戰鬥艦	0艘
小型戰鬥艦	14艘

以小型艦艇為主，實戰經驗豐富

以色列海軍

Israeli Navy

薩爾5級（艾拉特級）巡邏艦。從1994年起開始配備，共有3艘同型艦。

以色列海軍創建於1948年。擁有9500位官兵和大約10000名預備役人員，艦艇數量約65艘。由於經常遭到巴勒斯坦游擊隊和鄰近伊斯蘭國家的攻擊，使得海軍轉型，沒有能夠遠洋航行的大型水面戰鬥艦，而是專注於小型艦艇的發展。

海軍幾乎都是來自歐洲和美國的艦艇，但是搭載著以色列自行研發的飛彈等武器。噸位最大的是3艘薩爾5級（Sa'ar 5）巡邏艦，滿載排水量1227噸，搭載魚叉反艦飛彈8枚、和64枚閃電1型防空飛彈，算是重武裝的小型艦艇。3號艦哈尼特號（Hanit）曾在2006年被真主黨發射的中國製C-802反艦飛彈命中，雖然沒有沉沒，但免不了要大修。

此外還有8艘的薩爾4.5級飛彈快艇，搭載著8～14枚反艦飛彈，雖然不及500噸，但是戰力驚人。

潛艦方面，採用德國造的海豚級（Dolphin）潛艦3艘，又再採購了3艘海豚2級。這些潛艦多半是在沿岸的淺水海域行

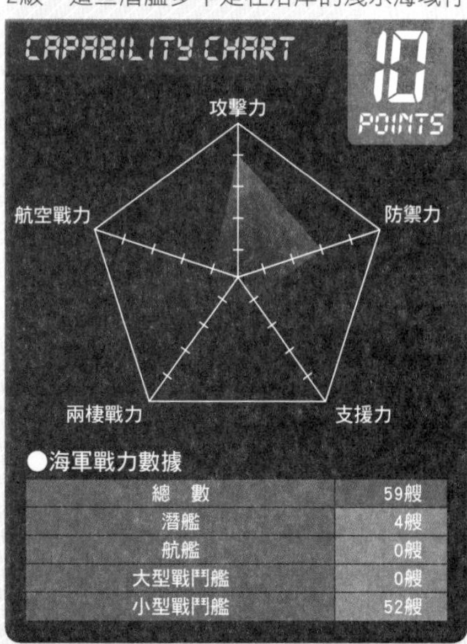

●海軍戰力數據

項目	數量
總　數	59艘
潛艦	4艘
航艦	0艘
大型戰鬥艦	0艘
小型戰鬥艦	52艘

海軍冷知識

海軍轄下設有潛入敵區執行破壞任務的特種部隊・第13突擊隊（Shayetet 13）、以及蒐集分析敵方海軍情資的情報機關。此外，還有名為吉瓦提旅（Givati）的陸戰隊。

照片來源：Shlomiliss

海豚級攻擊型潛艦海豚號，水中排水量1930噸。

海軍冷知識
以色列海軍提供的官方照片，會在照片上做些遮蓋修正，把艦名和編號消除。

動，為了因應當地海域，潛艦的船身和各種伸縮潛望鏡、呼吸管等都被漆上綠色。最新的戰力是向德國企業訂購的2艘2200噸級MEKO A100型巡邏艦，可是建造時發現容易故障，於是轉向要各大造船廠投標，建造4艘小型的沿岸巡邏艇（OPV）。

以色列海軍過去在贖罪日戰爭（1973年）和多次中東戰爭中，累積了許多實戰經驗。1967年六日戰爭時，埃及海軍的飛彈快艇發射3枚P-15反艦飛彈，一舉擊沉了以色列的海軍驅逐艦艾拉特號（Eilat），讓全球各國瞭解到要盡快找出對抗方法。1973年時，以色列海軍和敘利亞海軍爆發拉塔基亞海戰，當敘利亞艦艇發射反艦飛彈時，以色列採用干擾電波和各種反飛彈裝備，讓敵方飛彈無法命中，同時，以色列也用反艦飛彈還擊，擊沉5艘敵艦。這是史上第一次展現出電子戰效能的海戰。

照片來源：以色列海軍

達布爾級（Dabur）巡邏艇。滿載排水量40噸。

照片來源：以色列海軍

賀茲級（Hetz）飛彈快艇。

為了防範恐怖分子入侵，採用警備艇當作主力

伊拉克海軍

Iraqi Navy

照片來源：美國海軍

掠奪者級（Predator）巡邏艇P104。滿載排水量68噸，搭載7.62mm機槍1艇。總計有5艘同型艇。

伊拉克南部的烏姆蓋斯爾港，是伊拉克面向波斯灣的唯一海港兼海軍基地。溯河口而上，河川沿岸也同樣設置了基地。

在伊拉克戰爭中，伊拉克海軍遭到殲滅，不過，戰後在美國、澳洲、義大利等國支援下又重建了海軍。現在官兵有1500人，並且恢復到大約60艘艦艇。眾多艦艇之中，有23艘是巡邏艇，還有河川巡邏艇（FRP製和鋁製）、RHIB（複合艇）等。最大的艦艇是60m級的沿岸巡邏艇（OPV），艇上並沒有搭載飛彈。

伊拉克海軍艦艇在面對任何狀況時，唯一可用的武器只有機槍。任務除了領海巡邏和防止恐怖分子滲透之外，還要警戒外國軍艦。早在波灣戰爭之前，就與伊朗海軍敵對，當時配備的是蘇聯造的巡防艦和巡邏艦，這些艦艇能夠敷設一些簡易水雷來阻擋敵艦。

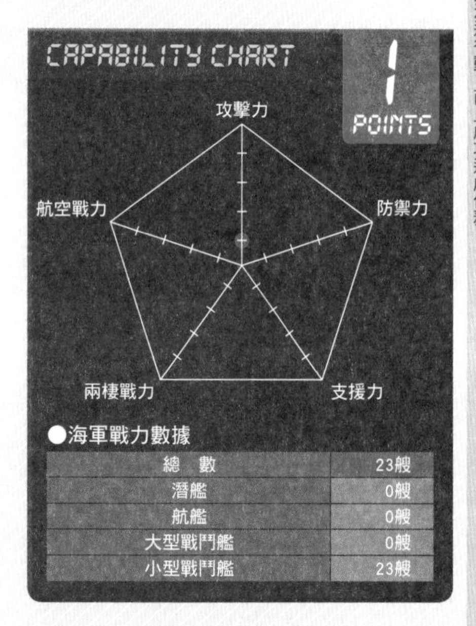

●海軍戰力數據

總數	23艘
潛艦	0艘
航艦	0艘
大型戰鬥艦	0艘
小型戰鬥艦	23艘

海軍冷知識

波灣戰爭結束後，為了清除伊拉克海軍四處散布的水雷，日本海上自衛隊派遣了包含4艘掃雷艇在內的6艘艦艇前往波斯灣，清除了34個水雷。這是海上自衛隊首次海外派遣行動，而且成功達成任務。

2013年曾與中國舉行聯合訓練

伊朗海軍

Islamic Republic of Iran Navy

巡防艦阿爾凡德號，2號艦在和美軍交戰時被反艦飛彈擊沉。

海軍冷知識

日本海上自衛隊曾經派遣訓練艦隊和掃雷艇駛入波斯灣，當時伊朗曾經讓海自艦艇停泊在班達阿巴斯基地的港口內，維持著友好關係。

伊朗最大的水面艦艇是3艘阿爾凡德級（Alvand）巡防艦，滿載排水量1540噸，是以英國沃斯伯5型（Vosper Mk.5）巡防艦為藍本來建造。艦上搭載中國製（或授權生產）的C-802反艦飛彈、114mm砲、35mm雙聯裝砲等武器。至於最新銳的艦艇則是滿載排水量1420噸的波浪級（Moje）驅逐艦。伊朗稱呼這艘軍艦為「驅逐艦」，但是在歐美國家的分類中，只能算是巡防艦或巡邏艦的等級。

據聞，艦上搭載的防空飛彈是伊朗國產的拉亞得（Raiad）防空飛彈，這是伊朗海軍第一艘設置了飛行甲板的艦艇，可搭載1架AB212巡邏直升機。

潛艦有3艘俄羅斯造基洛級潛艦。另外還有水中排水量不到600噸的國造小型潛艇20多艘，以及北韓造玉桂級（Yugo）小潛艇4艘，可載運特工潛入敵國。

飛機是伊朗革命前向美國購買的P-3F巡邏機、RH-53D掃雷直升機等美製品，而且依舊在使用中。飛彈也是在革命前向美國大

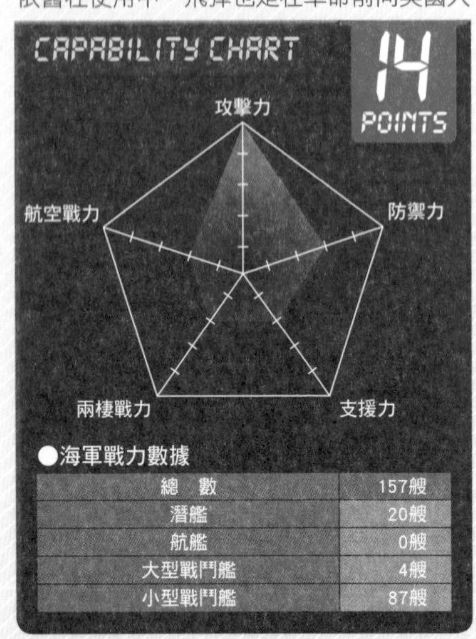

●海軍戰力數據

總　數	157艘
潛艦	20艘
航艦	0艘
大型戰鬥艦	4艘
小型戰鬥艦	87艘

以阿爾凡德級巡防艦的設計為基礎，自製的第一艘國造艦艇賈巴蘭號（Jabaran）。

量採購的，所以波浪級的艦上也可以搭載美製SM-1標準防空飛彈。

就地理來說，伊朗掌握著荷姆茲海峽的戰略要衝，靠著水面艦艇、潛艦、P-3F巡邏機就能監視任何出入波斯灣的美國海軍和各國海軍艦艇，而且時常看到伊朗船艦過度逼近美國海軍艦隊的新聞。1988年時，阿爾凡德級巡防艦薩巴蘭號（Sabalan）、薩漢德號（Sahand）遭到美國航艦企業號的艦載機攻擊，薩巴蘭號重創，薩漢德號沉沒。

近年來，伊朗海軍希望加強與外國的友好關係，與巴基斯坦海軍有密切聯繫，但是沒有推動聯合訓練。2013年，中國軍艦訪問伊朗時，曾與中國軍艦進行簡單的聯合訓練。再者，伊朗除了伊朗海軍之外，還有一支名為伊朗伊斯蘭革命衛隊海上部隊的單位，這支部隊有官兵20000人，配備魚雷艇、飛彈快艇及各式小艇約1000艘。

1992年引進的3艘基洛級潛艦。

可能是從北韓進口的鮭魚級（Yono）潛艇。

海軍冷知識

伊朗除了海軍之外，還有個「伊斯蘭革命衛隊海上部隊」的單位，配備大量的飛彈快艇與巡邏艇。除了防衛領海之外，同時還負責監視本國伊朗海軍，避免海軍做出不理智的行動。

面對荷姆茲海峽，監視著波斯灣要衝

安曼海軍

Royal Navy of Oman

海軍冷知識

安曼以阿拉伯語為母語，但是軍艦上的通用語言和標示文字卻是英語，水兵的英語能力也都很強。

從英國引進的曼蘇爾號（al-Mansur）巡邏艇，搭載著76mm砲。

安曼海軍官兵總數4200人，艦艇約30艘。其中最大的水面戰鬥艦是英國BAE公司造哈里夫級（Khareef）巡邏艇，從2009年起配備了3艘。滿載排水量2660噸，有著匿蹤設計的船身。搭載1門76mm砲、12枚法國製MICA防空飛彈、8枚MM40飛魚反艦飛彈。

安曼最大的艦艇是排水量10864噸的登陸運輸艦薩拉瑪號（Fulk al Salamah），可以載運240名官兵。雖然名為「登陸艦」，但是主要用途是在港灣與平底船之間傳輸物資與車輛，而且船身漆成白色，外觀看起來像是客貨輪。

安曼位於荷姆茲海峽的南岸，隔著海峽和伊朗相對，戰力當然比不上伊朗，但也不打算成為伊朗的附庸。因此安曼對歐美國家相當友好。各國船艦在通過荷姆茲海峽時，都會在安曼海域暫時停泊。安曼常和外國海軍交流，包括中東國家、美國、英國，都是聯合訓練的友好國。

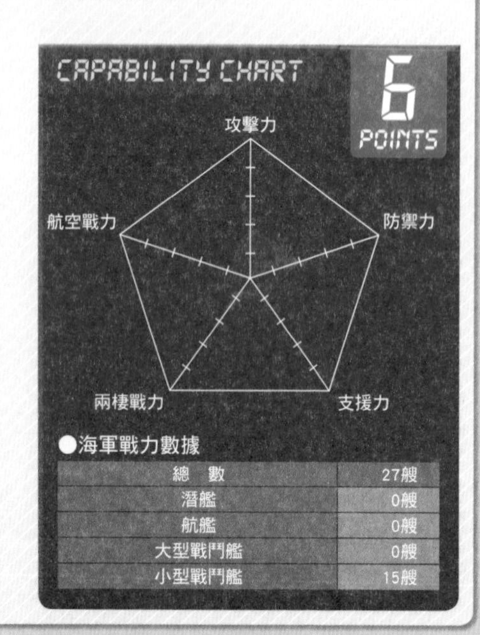

●海軍戰力數據

總　數	27艘
潛艦	0艘
航艦	0艘
大型戰鬥艦	0艘
小型戰鬥艦	15艘

雖然是內陸國，卻擁有小艇為主力的海軍

哈薩克海軍

Kazakhstan Navy

哈薩克級巡邏艇哈薩克號。

海軍冷知識

哈薩克海軍在裏海沿岸的阿克套設置了海軍航空隊基地，擁有2架Su-27戰鬥機和數架Mi-24攻擊直升機。

哈薩克是個內陸國家，不過卻面對全世界最大的鹹水湖「裏海」，海岸線長達1100km，因此該國擁有將近20艘的巡邏艇。哈薩克海軍最新銳的艦艇是2012年開始配備的3艘哈薩克級巡邏艇，這些巡邏艇都在國內建造，滿載排水量250噸，配備火箭和雙聯裝砲，是航速達到30節的快艇。

裏海被俄羅斯、伊朗等5國環繞，有一條運河通往黑海，所以哈薩克購買土耳其海軍的舊土庫級（Turku）巡邏艇（170噸、配備40mm砲），能夠走黑海返回裏海。

以前，哈薩克海軍曾經宣布要購買韓國企業造的巡邏艦，韓國企業也積極在裏海海濱搭建造船廠。裏海的最大勢力是俄羅斯海軍，但大家都要爭奪資源，因此各國都與伊朗對立。

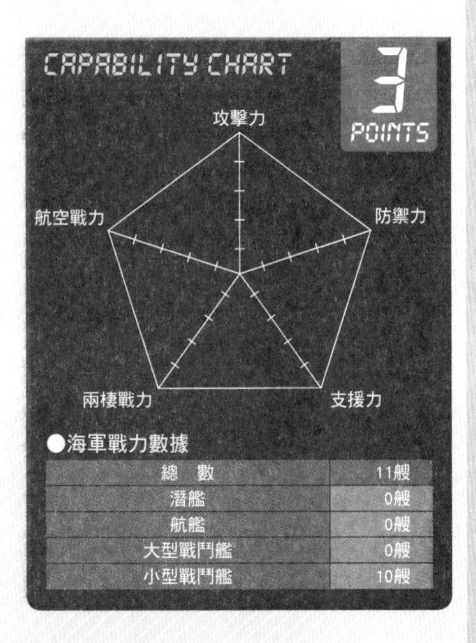

●海軍戰力數據

總　數	11艘
潛艦	0艘
航艦	0艘
大型戰鬥艦	0艘
小型戰鬥艦	10艘

用小型巡邏艇來守護波斯灣的半島國家

卡達海軍

Qatar Emiri Naval Forces

海軍冷知識

美軍在卡達首都杜拜設有中東地區司令部，可以當作美國中央司令部（司令部位於佛羅里達）在中東當地的指揮部。

照片來源：法國國防部

戰士飛彈快艇。滿載排水量401噸，搭載MM40飛魚反艦飛彈8枚。

位於波斯灣內的半島國家卡達，擁有官兵1800人、小型艇約70艘的海軍。由於周邊沒有敵對國家，不需要能夠搭載強大火力的巡防艦和巡邏艦，所以海軍最大的艦艇是向英國購買的4艘威塔級（Vita）飛彈快艇（滿載排水量450噸）。艇上搭載著8枚MM40飛魚反艦飛彈、8枚西北風式（Mistral）防空飛彈。此外又向法國購買了3艘戰士III級（Combattante III）飛彈快艇，同樣搭載飛魚飛彈。這7艘就是卡達海軍的主力艦艇。

其他巡邏艇的噸位都在100噸以下，艇上搭載幾挺機槍而已。即使如此，當美國攻擊阿富汗時，卡達還是出動所有的巡邏艇，把半島包圍起來，避免恐怖分子從海路入侵。

近年來，卡達致力於加強海軍特種部隊。尤其是爆裂物處理任務方面，接受美國海軍機動爆裂物處理隊（EODMU）的訓練。

2010年，卡達和荷蘭的Daman公司達成協議，要共同出資，在卡達建立造船廠，並且在此建造6艘巡邏艇。

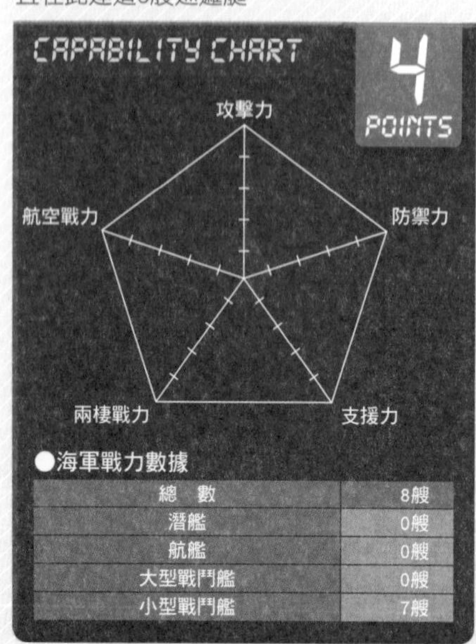

●海軍戰力數據

總　數	8艘
潛艦	0艘
航艦	0艘
大型戰鬥艦	0艘
小型戰鬥艦	7艘

持續強化登陸作戰能力

科威特海軍

Kuwait Naval Force

烏姆・艾爾馬拉登級巡邏艇法希爾號（Al Fahaheel）。

科威特海軍創建於1961年，是官兵2700人、艦艇45艘的小規模海軍。由於國土緊鄰伊拉克，海軍還要肩負起阻止非法移民與恐怖分子入境的任務。海軍中最大的艦艇是滿載排水量255噸的桑波克級（Al Sanbouk）飛彈快艇，僅有1艘，搭載著4枚MM40飛魚反艦飛彈。另外，還有8艘主力艦艇，名為烏姆・艾爾馬拉登級（Umm Al Maradem）飛彈快艇（245噸），搭載4枚海賊鷗（Sea Skua）反艦飛彈。再來是海軍特種部隊運用的15艘海上方舟級（ SeaArk）11m巡邏艇，以及新銳的潛水支援艦。海軍麾下有警察組織・海岸防衛隊，所以有些警備艇是調撥給海岸防衛隊專用。現在科威特海軍正在更新國產的登陸艇，有2艘64m級登陸艇和5艘16m級複合登陸艇，正陸續引進海軍之中。

美國和中東各國的海軍常會在波斯灣內進行聯合訓練，科威特海軍的任務也從未超出波斯灣。

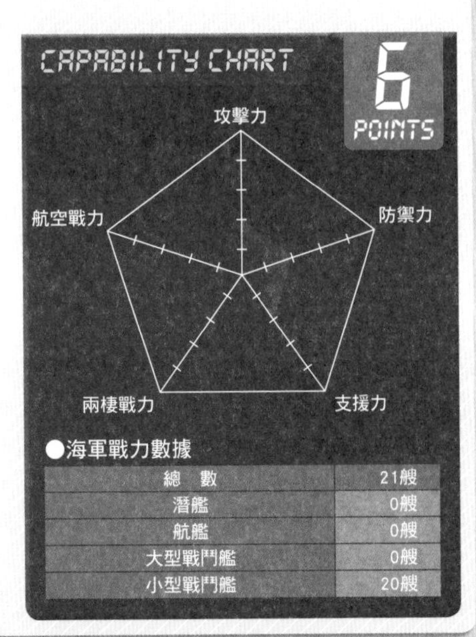

●海軍戰力數據

總　數	21艘
潛艦	0艘
航艦	0艘
大型戰鬥艦	0艘
小型戰鬥艦	20艘

海軍冷知識

伊拉克入侵科威特，引爆波灣戰爭。伊拉克擄獲6艘、摧毀17艘飛彈快艇。那些被擄獲的飛彈快艇在多國聯軍攻擊烏姆蓋斯爾港時連帶遭到摧毀。

在美國協助下建立了現代化海軍

沙烏地阿拉伯海軍

Royal Saudi Navy

照片來源：美國海軍

西迪克級（Al-Siddiq）飛彈快艇歐克巴號（Oqbah）。滿載排水量503噸。搭載4枚魚叉反艦飛彈。

海軍冷知識

為了與假想敵伊朗抗衡，沙烏地阿拉伯海軍把指揮、統御、通訊的系統交給美國企業來開發。

沙烏地阿拉伯海軍備有50000名官兵（含預備役及陸戰隊在內），創設於1960年，轄下持有約95艘艦艇。3艘利雅德級（Riyadh）巡防艦是依照法國拉法葉級來設計建造，滿載排水量4725噸，是該國最大的戰鬥艦。艦上設置了16槽（發射管）的垂直發射系統（VLS），裝填阿斯特-15（Aster-15）防空飛彈，艦上還有能夠掛載魚雷的AS532和NH90巡邏直升機。

此外，還有4艘麥地那級（Madina）巡防艦、4艘美國造拜德爾級（Badr）巡邏艦，這些都是能夠遠洋航行的主力艦。

掃雷艇是英國造的3艘香桐級（Chandon）掃雷艇。雖然具有遠洋航行能力，但是只有和他國舉行聯合演習時才會出海。除了美國海軍、波斯灣鄰近國家的海軍之外，沙國不和其他外國海軍往來。有時為了實施防空飛彈實彈射擊訓練，會航行到南印度洋。

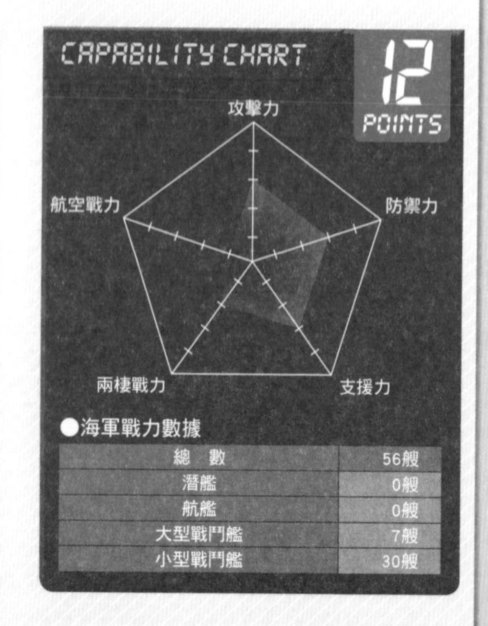

●海軍戰力數據

項目	數量
總　數	56艘
潛艦	0艘
航艦	0艘
大型戰鬥艦	7艘
小型戰鬥艦	30艘

內戰時曾向本國市區實施艦砲射擊

敘利亞海軍

Syrian Navy

訓練艦阿薩德號（Assad）。滿載排水量3556噸，由波蘭建造，1987年交艦，無武裝。

海軍冷知識

雖然很少和中東各國及外國海軍交流，但2011年時伊朗曾派遣2艘阿爾凡德級巡防艦訪問敘利亞，並且進行聯合訓練。

敘利亞海軍包含現役、預備役在內共有6500名官兵，艦艇50艘。潛艦有2艘羅密歐級，但是長期沒有使用，估計應該已經無法航行。敘利亞海軍最大的艦艇是2艘皮特亞級（Petya）巡防艦，滿載排水量1150噸，搭載著反潛火箭和魚雷，船體算是1960年代的舊式設計，難以從事現代的海軍作戰任務。

另外有10艘提爾II級（Tir II）飛彈快艇，是向伊朗採購的，這些快艇原本是拷貝北韓製造的同型艇，設計已經老舊。還有3艘北方級（Polnocny）登陸艇，能夠運輸100名士兵。

敘利亞的內戰目前還在持續中，反政府軍沒有強大的海上部隊，所以很少見到海上戰鬥的畫面。不過海軍為了支援陸軍的戰車部隊，曾經派遣艦艇朝拉塔基亞市區發動艦砲射擊。

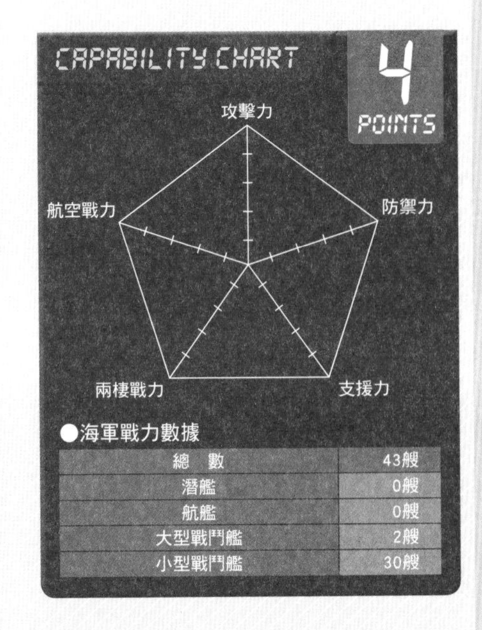

●海軍戰力數據

項目	數量
總　數	43艘
潛艦	0艘
航艦	0艘
大型戰鬥艦	2艘
小型戰鬥艦	30艘

正計畫取得高性能防空艦和全通甲板型登陸艦

土耳其海軍

Turkish Navy

海軍冷知識

俄羅斯黑海艦隊如果想要航向大洋，必須先通過土耳其的博斯普魯斯海峽和達達尼爾海峽，因此土耳其海軍得要隨時監視海峽的狀況。

照片來源：柿谷哲也

巴巴羅斯級巡防艦巴巴羅斯號。

土耳其海軍創建於1081年，歷史悠久，時代可以追溯到比鄂圖曼帝國更早的塞爾柱王朝。現在的海軍擁有官兵48000人、112艘艦艇、以及50架飛機左右，在中東與西亞地區算的上是排名數一數二的海軍了。潛艦向德國採購了14艘209型系列，是西亞最強的潛艦運用國。最大的戰鬥艦是8艘蓋比亞級（Gabya）（派里級）巡防艦，都是美國海軍除役的軍艦，不過土耳其打算要改裝上垂直發射系統（VLS），並且預定要搭載荷蘭製的SMART-S3D雷達。

另外，還向德國取得授權，自行生產的4艘MEKO 200型的冷酷者級（Yavuz、滿載排水量3000噸級），以及4艘發展型的巴巴羅斯級（Barbaros、3350噸）。巡邏艦有2艘國產的阿巴級（Aba）（2300噸）和6艘布拉克級（Burak）（1300噸）。布拉克級原本是法國海軍的達斯汀多夫級（D'Estienne d'Orves）哨戒艦（Aviso）。哨戒艦是一種以巡邏與情報傳達為主要任務的艦種，本身具備戰鬥力，所以土耳其購買後

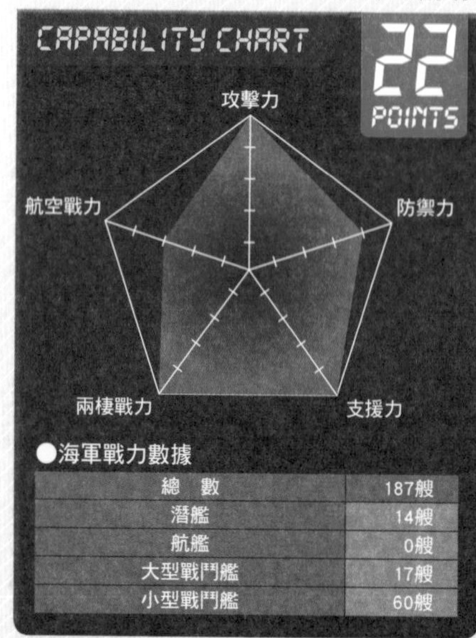

●海軍戰力數據

項目	數量
總　數	187艘
潛艦	14艘
航艦	0艘
大型戰鬥艦	17艘
小型戰鬥艦	60艘

加濟安泰普號（Gaziantep）巡防艦，1998年向美國海軍購得。

將它改造成巡邏艦。

土耳其預定要建造4艘（最多6艘）配備相位陣列雷達和SM-2 BlockIV標準防空飛彈的高性能防空艦（TF-2000計畫艦）。又決定向德國引進6艘有AIP系統的214型潛艦，使得海軍戰力驟然提升。更令人矚目的是備有全通甲板的兩棲突擊艦（LHD）開發計畫，土耳其空軍已經決定要採購F-35A戰鬥機，所以海軍想跟著採用能夠在甲板上起降的F-35B，因此計畫中的LHD應該兼具有航艦的功能。土耳其海軍轄下有4500人的陸戰隊，現在配備著前美國海軍提供的舊式特羅波恩・派瑞許級（Terrebonne Parish）登陸艦（5800噸）2艘、鄂圖曼加奇（Osmangazi）戰車登陸艦（3773噸）1艘、以及多艘小型登陸艦。

土耳其海軍擁有反恐SAT與爆裂物處理SAT這2個特種部隊，2支部隊都會和美國海軍特種部隊SEALs、巴基斯坦海軍特種部隊SSG（N）交流演訓。

飛機方面，有6架CN-235與10架ATR-72海上巡邏機，還有13架AB212與23架S-70B艦載巡邏直升機可以運用。

布拉克級巡邏艦貝可茲號（Beykoz）。

艾登級（Aydin）掃雷艇，滿載排水量657噸。

與美軍第5艦隊實施協同任務

巴林海軍

Royal Bahrain Naval Force

海軍冷知識

美國海軍在巴林設有巴林基地，第5艦隊的司令部位在此處。港口配備了登陸指揮艦、掃雷艦、海岸防衛隊的警艇等，以輪值方式值勤。

照片來源：美國海軍

派里級巡防艦薩巴赫號。

巴林海軍持有1700名官兵（含海岸防衛隊在內）、以及33艘艦艇。這個波斯灣內的島國，海岸線只有160km左右。

巴林海軍的主要任務，是防範恐怖分子從海岸滲透進入。所以海軍麾下有海岸防衛隊，具有執法正當性，一起搭乘軍艦在四處巡航。最大的軍艦是巡防艦薩巴赫號（Sabha），是1996年引進的原美國海軍派里級巡防艦。艦上搭載SM-1標準防空飛彈等，武裝與性能都和在美國海軍服役時相同。艦上官兵200人，幾乎是該國海軍官兵（不含海岸防衛隊）的五分之一。

此外，還有2艘德國造勝利級（Victory）巡邏艦，4艘德國造搭載MM40飛魚反艦飛彈的艾哈邁德・阿爾法塔級（Ahmed Al Fateh）飛彈快艇，這些都是主力艦艇。飛機方面有2架Bo-105觀測直升機。巴林海軍經常和美軍第5艦隊實施協同任務，曾經參與過波斯灣戰爭。

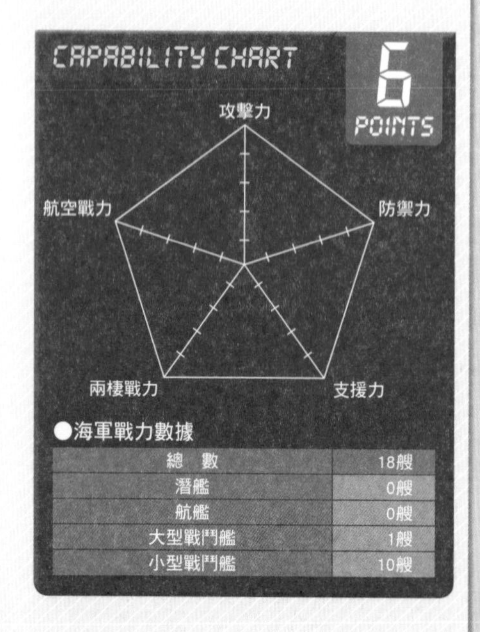

●海軍戰力數據

項目	數量
總　數	18艘
潛艦	0艘
航艦	0艘
大型戰鬥艦	1艘
小型戰鬥艦	10艘

要傾向中國？還是靠向美國？

巴基斯坦海軍

Pakistan Navy

提普蘇丹號（Tippu Sultan）驅逐艦，前身是英國海軍巡防艦復仇者號（Avenger）。

海軍冷知識

巴基斯坦海軍特種部隊SSG（N）不但具備海上特種作戰能力，還有跳傘、沙漠作戰、城鎮作戰能力，有時會用來保護VIP。

巴基斯坦海軍創建於從印度獨立後的1947年。現在持有官兵31000人、艦艇約70艘、飛機40架左右。

海軍成立的目的，是要和印度海軍抗衡，在這個背景下，經常與中國海軍進行聯合演習。不過另一方面，卻又協助美國推動反恐戰爭。巴基斯坦海軍主辦的「和平（Aman）」多國聯合演習，美國海軍和日本海上自衛隊都有參加，因此和雙方陣營都保持積極的聯繫。最新型的戰鬥艦是和中國共同開發的4艘寶劍級（Zulfiquar）巡防艦（滿載排水量3144噸），這是依中國海軍053H3型的規格來建造的。艦上搭載著中國製Z-9巡邏直升機。

艦艇中有5艘塔里克級（Tariq）驅逐艦，這是原英國海軍的21型巡防艦，建造於1970年代，這5艘舊式軍艦在1993年由巴基斯坦購得，將艦種變更為「驅逐艦」。另外，還有3艘哈利德級（Khalid）潛艦，搭載最新穎的AIP系統，是委託法國建造的新型潛艦。

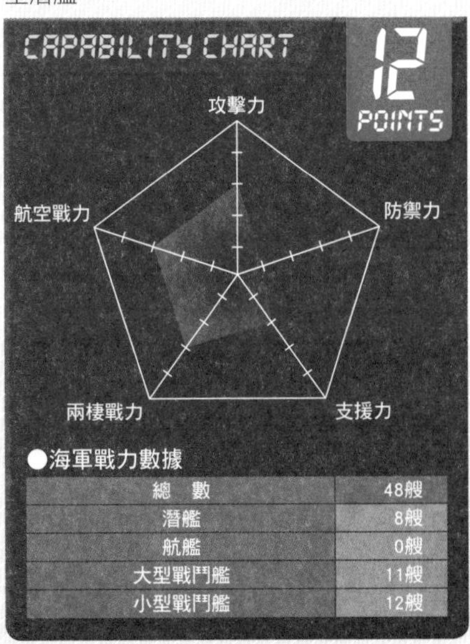

●海軍戰力數據

總　數	48艘
潛艦	8艘
航艦	0艘
大型戰鬥艦	11艘
小型戰鬥艦	12艘

防衛26km海岸線的海軍部隊

約旦海軍部隊

Royal Naval Force of Jordan

海軍冷知識

約旦海軍特種部隊除了接受陸軍特種作戰訓練外，還接受船艦垂降訓練、海上臨檢及射擊訓練，並且經常和中東國家的海軍特種部隊交流。

胡笙級巡邏艇胡笙號。

約旦海軍部隊在約旦軍事組織中地位較低，被配屬在陸軍之下，最高司令官也比其他軍種矮一階，只有少將官階。

約旦南方阿卡巴港與兩側海岸總長26km，官方認為，只需要30艘警備艇就能控制。該國最大的警備艇是3艘英國造胡笙級（Hussein）巡邏艇。滿載排水量124噸，搭載30mm砲2門、20mm機砲1門、12.7mm機槍2挺，火力相當足夠。最小型的巡邏艇是2艘專門在阿卡巴港內巡邏的無人巡邏艇（以色列造），船身長7m，配備7.62mm機槍，可以用無線電來遙控。

約旦很重視特種部隊的教育訓練，海軍部隊裡也有特種部隊編組，轄下有20艘警備艇。海軍部隊的任務是防範恐怖分子滲透，但也兼具警察的執法工作，在海上打擊犯罪。

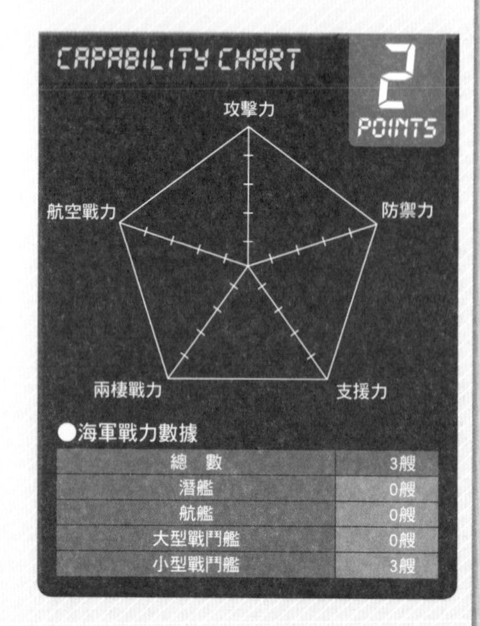

●海軍戰力數據

總　數	3艘
潛艦	0艘
航艦	0艘
大型戰鬥艦	0艘
小型戰鬥艦	3艘

由各國提供警備艇，以維持區域安全為目標

黎巴嫩海軍

Lebanese Navy

巡邏艇阿馬契特號（Aamchit）。前身是不萊梅市的水警巡邏艇，2007年移交。

海軍冷知識

聯合國和世界各國協助黎巴嫩的原因，是黎巴嫩國內有巴勒斯坦難民營，這是造成該地區局勢不穩的主因。所以希望加強黎巴嫩海軍，來增加區域穩定。

黎巴嫩的海岸線長度和鄰國敘利亞與以色列差不多，都是150km左右，但海軍戰力遠不及鄰國，只擁有小規模海軍。海軍官兵約1800人，配備艦艇50艘。最大的艦艇是僅有1艘的43m等級・的黎波里號（Trablous）巡邏艇，其他船艦則是以原法國海軍與原德國海軍的巡邏艇為主。

阿拉伯聯合大公國也決定提供警備艇，沙烏地阿拉伯則是提供資金，預定要提供法國造追風級（Gowind）OPV（沿岸巡邏艦）給黎巴嫩。若是追風級真的完成配備，將成為該國最大的軍艦。

除了艦艇之外，德國還協助黎巴嫩在地中海沿岸建造雷達基地。因為先前的雷達基地已經遭到以色列摧毀，需要重建。由於海軍都是小型艦艇，無法和他國海軍進行聯合演習。不過還是會定期派遣軍官，接受美國海軍的海上警備教育及反恐訓練。

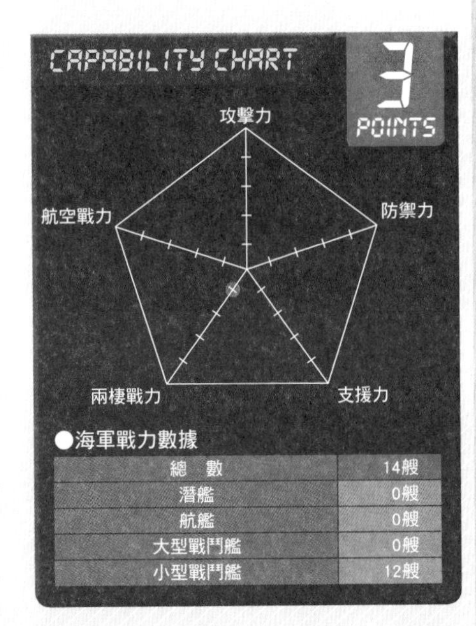

●海軍戰力數據

總　數	14艘
潛艦	0艘
航艦	0艘
大型戰鬥艦	0艘
小型戰鬥艦	12艘

水面戰鬥艦的戰鬥類型〔後篇〕

水面作戰

與敵艦對抗的戰鬥，使用目視或雷達搜索敵艦，以射控雷達瞄準鎖定，然後發射反艦飛彈或是用艦上的火砲射擊。反艦飛彈有射程10km以下、直升機也能掛載的短程飛彈，也有射程數百km的長程飛彈，巡弋飛彈也算在內。通常射控雷達無法照射水平線之後的目標，因此，長程飛彈的彈頭必須安裝雷達，飛到高空識別敵艦，然後朝目標衝去。有一種比巡邏艦更小型、只搭載防空飛彈與輕型火砲的戰鬥艦，被稱為飛彈快艇。

反潛作戰

對水面戰鬥艦而言，最大的威脅就是敵方潛艦，因此反潛作戰格外重要。基本戰術是派出艦載直升機，吊放聲納探測敵方潛艦，然後空投魚雷攻擊。要是敵方潛艦已經對戰鬥艦造成威脅，就要發射魚雷反擊，同時施放誘餌，會發出噪音與電磁干擾波來欺騙敵方潛艦。

打擊作戰

對敵方陸地（尤其是內陸）發動攻擊，因此稱做打擊（Strike）。巡弋飛彈是最有效的武器，也可以使用火砲來射擊敵國沿岸。如果當時有部隊正要登陸敵方海岸，就不再稱做「打擊作戰」，而是稱為「支援攻擊」或「火力支援」。

照片來源：美國海軍

掛載著魚雷從艦上起飛的SH-60B反潛直升機。

照片來源：美國海軍

驅逐艦唐納德・庫克號發射戰斧巡弋飛彈。

奈及利亞海軍巡防艦雷霆號（Thunder）。
照片來源：柿谷哲也

Section 5

全球123國海軍戰力完整絕密收錄

非洲

逐步引進新造艦艇，加強防空與兩棲戰力

阿爾及利亞海軍

Algerian National Navy

海軍冷知識

過去曾經使用過2艘基洛級（877型）潛艦，到了2010年又引進2艘新型的636型，並且預定再追加2艘。

訓練艦索曼號（Soumman）。滿載排水量5558噸，是2006年從中國購得的新造艦艇。

阿爾及利亞在非洲算是數一數二的軍事強國，近年來不斷提升海軍戰力。過去以蘇聯造巡防艦和巡邏艦作為主力，現在則正在建造2艘德國造MEKO A200型巡防艦（預訂2艘）。艦上會搭載南非開發的16枚長矛（Umkhonto）防空飛彈垂直發射系統（VLS）。

此外，還向中國訂購3艘C28A型巡防艦（與中國、巴基斯坦共同開發的寶劍級），正在建造中。還預計要向俄羅斯引進2艘守護級（Steregushchy）巡邏艦。

兩棲戰力方面，向義大利購買1艘新造的聖喬治級登陸艦，命名為卡拉貝尼・阿巴斯號（Kalaat Beni Abbes），用來取代老舊化的1艘北方級（Polnocny）登陸艦，可協助陸軍部隊實施登陸作戰。當然，也可以當成直升機航艦，但是搭載哪一款直升機目前沒有情報，有可能會搭載空軍的Mi-17運輸直升機。

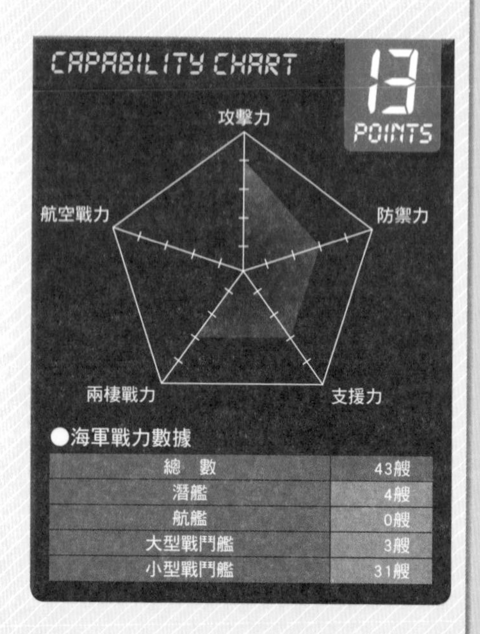

●海軍戰力數據

總　數	43艘
潛艦	4艘
航艦	0艘
大型戰鬥艦	3艘
小型戰鬥艦	31艘

歷經長年內戰，沿岸幾乎毫無防衛力可言

安哥拉海軍

Angolan Navy

海軍冷知識

安哥拉內戰從1974年持續到公元2002年，因此海軍的實戰經驗豐富。曾投入攻擊反政府勢力，並阻擋南非部隊從海路接近，執行過不少海上作戰任務。

照片來源：安哥拉海軍

Mandume級巡邏艇。滿載排水量112噸，配備20mm機砲1座。總計有4艘。

安哥拉是中非各國之中海岸線最長的國家（約1400km），然而政府將所有軍事預算都撥交給陸軍，導致海軍完全無法防衛領海。以前曾經配備原葡萄牙海軍的花級巡邏艦、前蘇聯海軍的胡蜂級（Shershen）魚雷艇、奧薩級（OSA）飛彈快艇、尤金級（Yevgenya）掃雷艇等艦艇，但是受到內戰的影響，縮減到只剩20艘小型巡邏艇的小規模海軍。

安哥拉海軍的任務是防衛該國的2個商業港口、並且對抗海盜和海上犯罪。兩棲戰力方面，為了替陸軍提供補給，曾經擁有3艘原波蘭海軍的北方級（Polnocny）登陸艦，但現在是否還能運作則是毫無消息。

海軍配備的飛機方面，曾經引進福克F27 200、巴西航空工業EMB-111A海上巡邏機，但現在是否能夠運用也無消息。海軍兵力大約有1000人至3000人左右。

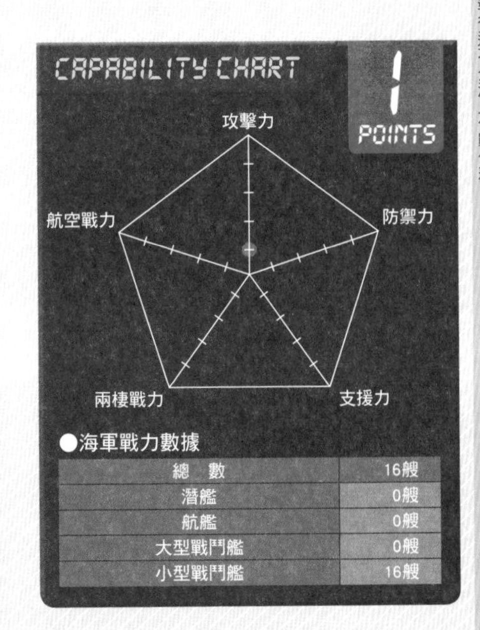

●海軍戰力數據

總　數	16艘
潛艦	0艘
航艦	0艘
大型戰鬥艦	0艘
小型戰鬥艦	16艘

固守海上交通要衝，非洲最大規模的海軍

埃及海軍

Egyptian Navy

大使級（Ambassador）飛彈快艇。

海軍冷知識

埃及在2013年爆發政變，中斷了和美國之間的軍事交流，也可能影響到了武器外銷。目前埃及的政權是由軍方介入，算是軍事政權。

埃及面向地中海和紅海，中間夾著蘇伊士運河，無論地中海還是中東海域，埃及都占有地勢之便。埃及海軍擁有官兵18000人、艦艇約230艘，是非洲最大的海軍。六日戰爭和贖罪日戰爭期間都曾和以色列交戰，因此具有豐富的海上實戰經驗。

1967年7月，埃及海軍有2艘魚雷艇遭到以色列海軍驅逐艦艾拉特號（Eilat）擊沉，到了10月，埃及海軍派出蚊級（Komar）飛彈快艇，發射2枚P-15白蟻（Termit）反艦飛彈，擊沉了艾拉特號。這是海戰史上以反艦飛彈擊沉敵艦的首例。

1970年，埃及海軍特種部隊潛入爆破以色列的挖掘船。1973年，布雷封鎖阿卡巴港，阻撓以色列艦艇前往地中海。這些都是知名的戰績。

埃及海軍最大的戰鬥艦是原美國海軍的4艘派里級巡防艦和2艘諾克斯級巡防艦。兩者的滿載排水量都達到4000噸級。此外還有中國造053H1型（江滬1級）巡防艦，滿載排水量約1900噸。巡邏艦方面，配備

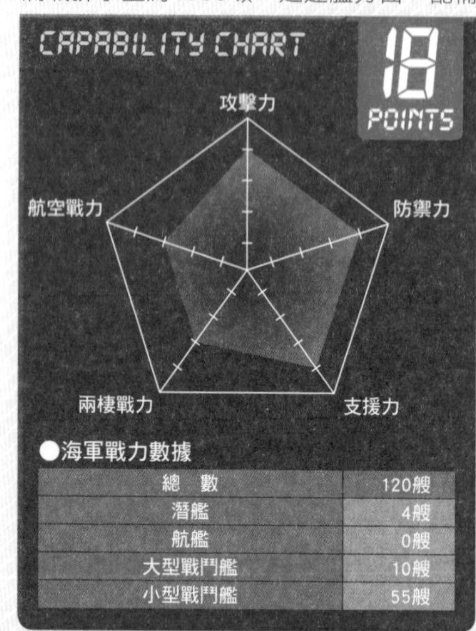

●海軍戰力數據

總　數	120艘
潛艦	4艘
航艦	0艘
大型戰鬥艦	10艘
小型戰鬥艦	55艘

照片來源：埃及海軍

偵察級巡邏艦蘇伊士號。

了2艘西班牙造偵察級（Descubierta）巡邏艦，滿載排水量約1500噸。現在正向法國訂購4艘追風級（Gowind）巡邏艦，包含艦上搭載的VL MICA防空飛彈及飛魚反艦飛彈在內。潛艦方面，擁有4艘前蘇聯造羅密歐級，因為已經很陳舊了，所以向德國購買2艘206型潛艦，在2016年成軍，然後再訂購2艘，用來汰換羅密歐級。

兩棲艦艇包括3艘中型的北方級（Polnocny）A型登陸艦、9艘小型的威達級（Vydra）登陸艇，可用於運送陸軍部隊。

照片來源：美國海軍

威達級登陸艇。

因為過去有過海戰經驗，瞭解水雷作戰（布雷與掃雷）的重要性，因此配備了約20艘水雷作戰艦艇。這是非洲國家中最強的水雷戰力。埃及海軍沒有軍用機，E-2C預警機、SH-2G、海王式巡邏直升機都隸屬於空軍，隨時支援海軍任務。

照片來源：EGY-ARMY-MID11

諾克斯級巡防艦達姆亞特號。

獨立之後造成衣索比亞海軍消失

厄利垂亞海軍

Eritrean Navy

海軍冷知識

在獨立戰爭之前，以蘇丹為據點的厄利垂亞人民解放陣線就持有戰鬥小艇，曾經擊沉過衣索比亞海軍艦艇。

照片來源：厄利垂亞海軍

超級毒蛇級（Super Dvora）巡邏艇P-104，搭載1座23mm聯裝機砲。

厄利垂亞的海岸線面對紅海，長度約1100km。該國的海軍擁有官兵1400人、20多艘小型艦艇。厄利垂亞和衣索比亞間曾經挑起獨立戰爭，終於在1991年獨立建國，建國之後，一舉占據了衣索比亞的海岸線，擄獲衣索比亞的海軍艦艇，成立了自己的海軍。

失去海岸線的衣索比亞，持續和厄利垂亞爆發戰鬥。這些戰鬥都是在陸地上進行，沒有發生過海軍交戰。當厄利垂亞建立海軍時，向以色列購買了6艘超級底波拉II級（Super Dvora）巡邏艇，在60噸的船身上搭載機槍等武器。

至於從衣索比亞那裡擄獲的4艘歐薩II型（OSA）飛彈快艇，滿載排水量達235噸，艇上搭載P-15反艦飛彈。另外還擁有原衣索比亞海軍快速級（Swift）巡邏艇3艘。厄利垂亞的情報管制非常嚴格，很少聽說有參與過和外國海軍的交流活動。

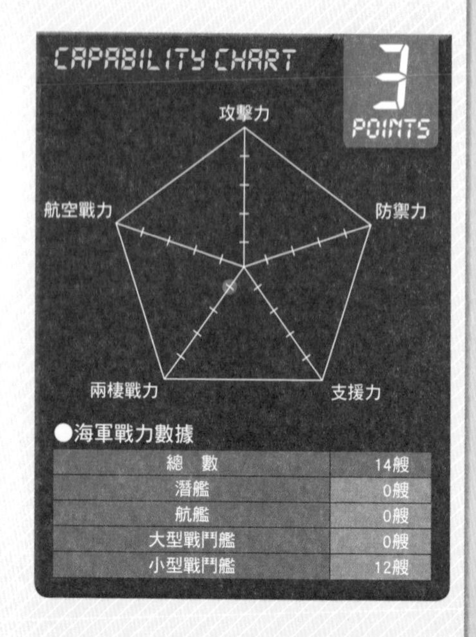

●海軍戰力數據

總　數	14艘
潛艦	0艘
航艦	0艘
大型戰鬥艦	0艘
小型戰鬥艦	12艘

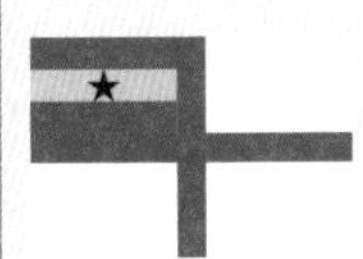

接受英國海軍教育的海軍

迦納海軍
Ghana Navy

信天翁級（Albatross）巡邏艇葉雅．阿香堤瓦號（Yaa Asantewaa）。滿載排水量398噸，搭載20mm機砲，1979年服役。

迦納是大英國協的一員，在1959年接受英國海軍的教育訓練，創建了海軍。因為有這樣的成因，使得迦納海軍的教育體系非常完備，還會和英國海軍進行研修。迦納海軍的工作除了國防之外，還要監視領海漁業、取締毒品走私、防範非法偷渡等，這些執法工作也都包含在內。

新銳的主力艦艇是蛇級（Snake）巡邏艇，這是中國造的46.8m級巡邏艇，艇上搭載著機槍。截至2012年已經有4艘服役。迦納海軍還有一種獨特的艦艇，是美國海岸防衛隊在1944年9月服役的浮標母船，迦納取得2艘之後，改造成巴桑級（Balsam）巡邏艇。雖然艦齡超過70年，但海軍訓練紮實，所以仍舊得以維持現役。

此外，還配備了原韓國海軍PKM237巡邏艇1艘、原德國海軍各式巡邏艇7艘。雖然看起來都是一些中古艦艇，但迦納正在計畫汰換新艦艇，不過具體內容仍不明瞭。

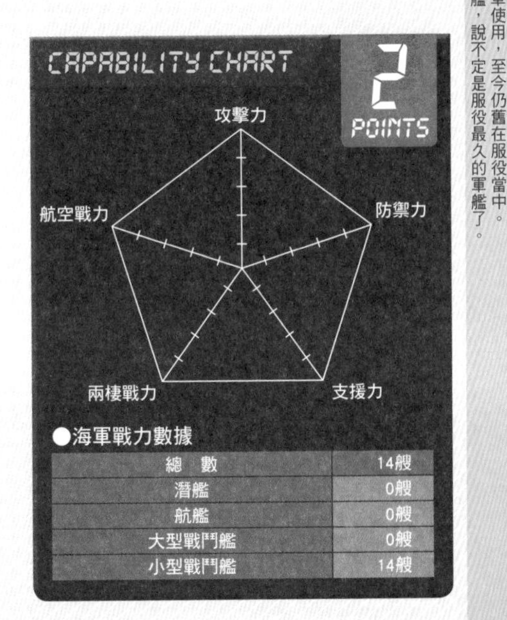

●海軍戰力數據

總　數	14艘
潛艦	0艘
航艦	0艘
大型戰鬥艦	0艘
小型戰鬥艦	14艘

海軍冷知識

二戰時的美國海軍艦艇，有些移交給墨西哥和菲律賓海軍使用，至今仍舊在服役當中。就連海岸防衛隊的支援船也被裝上機槍，變成外國的軍艦，說不定是服役最久的軍艦了。

小規模海軍，卻在飛彈快艇上搭載反艦飛彈

加彭海軍

Gabon Navy

海軍冷知識

為了因應非洲日益猖獗的海盜事件，非洲各國的海軍驅逐艦與巡防艦都會前往加彭訪問，在海盜對策方面互相交流。

羅德曼66級巡邏艇，曼哥亞・尚・巴蒂斯特中尉號（Lieutenant de Vaisseau Mangoye Jean Baptiste）。

加彭共和國擁有長約700km的海岸線，海軍官兵有500人，艦艇有10艘左右，是個小型的海軍。

僅有1艘的戰士III級（La Combattante III）飛彈快艇是由法國建造，滿載排水量雖然只有425噸，卻搭載了MM40飛魚反艦飛彈和OTO Melara 76mm快砲等武裝。

配備2艘的P400級飛彈快艇也是法國建造，在400噸級的船體上搭載了SS-12M反艦飛彈和40mm砲。僅有1艘的奧馬爾・邦戈級（Omar Bongo）飛彈快艇上也搭載著SS-12M反艦飛彈。

在9艘戰鬥艦艇之中，有4艘搭載著防空飛彈。在非洲的眾多小規模海軍之中，這算是火力很強大了。兩棲艦是從法國引進的1艘BATRAL級（輕型運輸船），用於運送陸軍部隊。該艦還能夠讓SA330美洲豹式運輸直升機起降。

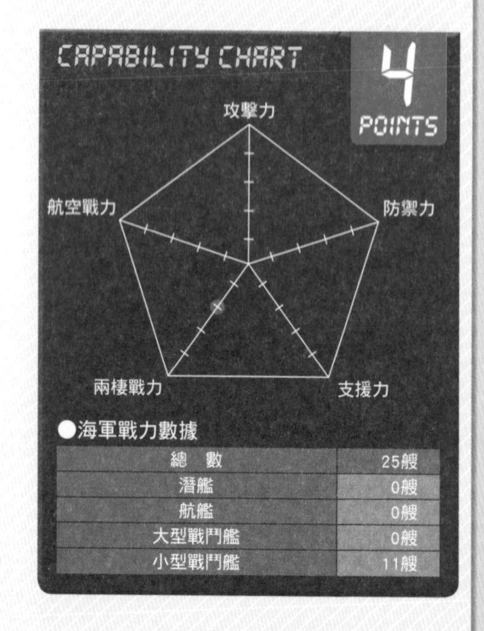

●海軍戰力數據

項目	數量
總　數	25艘
潛艦	0艘
航艦	0艘
大型戰鬥艦	0艘
小型戰鬥艦	11艘

從西班牙引進新型巡邏艇，亦可用於邊界河川警備任務

喀麥隆海軍

Cameroonian Navy

防衛者級（Defender）巡邏艇。滿載排水量2.7噸，配備1挺12.7mm機槍。

喀麥隆的海岸線長約350km，加上邊境有貝努埃河、以及全長890km的薩納加河流過，這造成喀麥隆海軍的40艘艦艇中，有半數是小型的河川巡邏艇。

海軍官兵有1100人，配備最新銳的西班牙造24m級阿瑞沙（Aresa）2400型巡邏艇1艘、32m級阿瑞沙3200型巡邏艇2艘、以及23m級的阿瑞沙2300登陸艇1艘。各型艦艇都可搭載12.7mm機槍。阿瑞沙3200型的船艉有小艇坡道，讓RHIB小艇能夠駛入。阿瑞沙2300是平底船，船艏有登陸斜板，可以載運32名官兵或車輛（阿瑞沙是造船企業名）。

1999年，喀麥隆從法國引進1艘巴卡西級（Bakassi）巡邏艇，原本搭載著飛魚反艦飛彈，但是從法國外銷前先被拆除了，船上武裝只剩下機槍。兩棲作戰方面，擁有2艘中國造的067型（玉南級），足以承載1輛戰車登陸，為陸軍部隊提供支援。

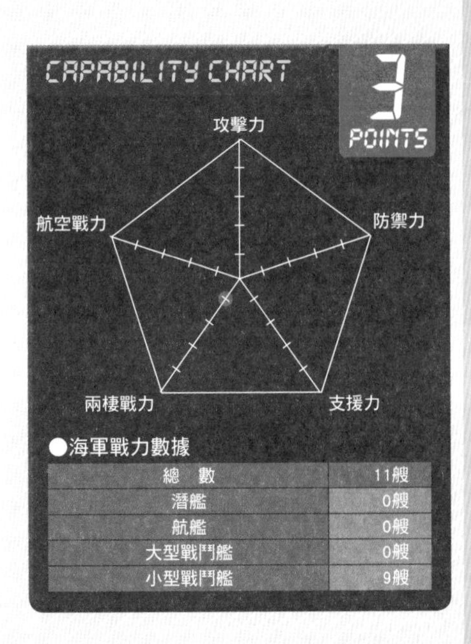

●海軍戰力數據

總　數	11艘
潛艦	0艘
航艦	0艘
大型戰鬥艦	0艘
小型戰鬥艦	9艘

海軍冷知識

1987年從美國那裡引進了30艘快速級（Swift）河川巡邏艇（10m級）。但是根據負責整備維修的業者所言，已經全數除役了。

從台灣取得巡邏艇，卻突然斷交

甘比亞海軍

Gambia Navy

海軍冷知識

甘比亞海軍原本配備有2艘小型氣墊船，可以載運兵員從海岸溯河而上，前往內陸的各個河川支流。不過現在已經沒有在運用了。

海鷗級巡邏艇，台灣海軍在2009年移交給甘比亞。

甘比亞海軍擁有200名官兵、艦艇10艘左右，是很小型的海軍。甘比亞有大約80km的海岸線，國土中央有甘比亞河流過。不過甘比亞河並非邊境河川，所以海軍的任務只要在海岸巡邏、糾舉犯罪就行了。

甘比亞曾持有4艘原台灣海軍的海鷗級巡邏艇，可是已經非常老舊，於是台灣又無償提供了3艘複合型巡邏小艇RHIB（115匹馬力，2具舷外機、配備12.7mm機槍）給甘比亞。

過去，甘比亞是全球極少數和台灣持有正式外交關係的國家，但是最近因為本國利益的緣故，突然和台灣斷交。

斷交的背景原因，可能是中國政府想在非洲奪得霸權，於是對甘比亞施壓。結果，台灣免費提供的巡邏艇和RHIB小艇就這樣有去無回了。

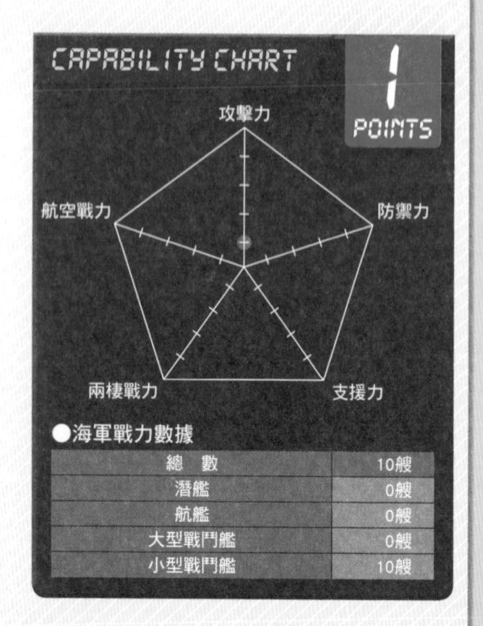

●海軍戰力數據

項目	數量
總　數	10艘
潛艦	0艘
航艦	0艘
大型戰鬥艦	0艘
小型戰鬥艦	10艘

主要任務是對抗海盜，打擊海上犯罪

幾內亞海軍

Guinea Navy

Google Earth所拍攝的柯那克里基地，左邊3艘同型的小艇就是VCSM級巡邏艇。

海軍冷知識

幾內亞和前蘇聯等社會主義國家的關係密切，在該地區推動國際合作，同時接納鄰國湧入的難民，因此是西非的穩定勢力。

幾內亞海軍擁有官兵400人，1艘快艇級（Swiftship）巡邏艇（搭載12.7cm機槍1挺、滿載排水量47.5噸、全長23.5m），3艘2011年引進的VCSM巡邏艇（搭載7.62mm機槍、43噸、20m），合計4艘小艇。

海軍的主要任務是對抗海盜與打擊海上犯罪，但是實在是力有未逮，國際社會也感到憂心。其實，在港口內還繫留著2艘前蘇聯製波哥摩級（Bogomol）重裝備巡邏艇（搭載76mm砲和6座30mm砲、266噸），2艘Z級（Zhuk）巡邏艇（搭載2座12.7mm聯裝機槍、39噸）等7艘巡邏艇。根據歐洲的軍事刊物分析，這些小艇應該還沒有除役，只要經過整備，就能再次啟用。畢竟目前使用中的快艇級巡邏艇就曾經在1999年封存，等到2007年再度服役。至於當初封存的原因，主要是財政問題，現在則是靠著外國提供支援，重新投入對抗海盜的任務。

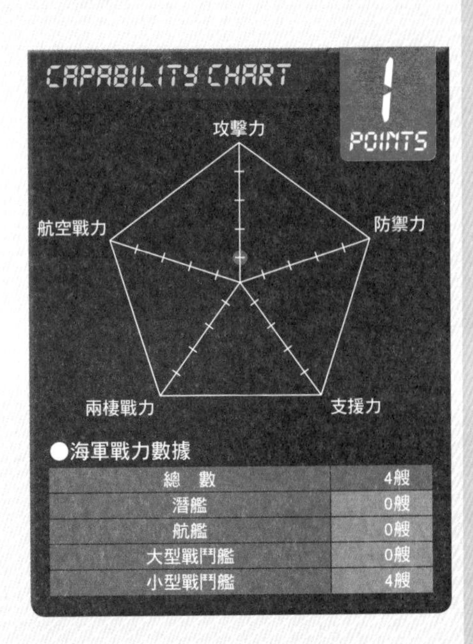

●海軍戰力數據

項目	數量
總　數	4艘
潛艦	0艘
航艦	0艘
大型戰鬥艦	0艘
小型戰鬥艦	4艘

3艘小艇和1架飛機組成的海岸警備隊

幾內亞比索海軍

Guinea-Bissau Navy

海軍冷知識

飛機是前後雙螺旋槳的塞斯納C337觀測機，僅有1架，沒有搜索雷達等裝備，巡邏時完全靠機組員目視監看。

阿爾費特級巡邏艇卡謝烏號（Cacheu）。

幾內亞比索海軍創建於1974年，也就是脫離葡萄牙獨立建國的那一年。現在擁有350名官兵與3艘海岸巡邏艇、還有飛機1架。

這樣的海軍戰力，要負擔起長達350km的海岸線與60個小島的各項任務，例如查緝領海內的違法漁船捕撈、對抗海盜、阻止犯罪者從海路潛逃、還有偷渡入境等問題，的確非常吃力。

海岸巡邏艇之中，有2艘是葡萄牙造阿爾費特級（Alfeite），滿載排水量56噸，全長約20m的小艇。另有1艘英國造羅德曼（Rodman）R800巡邏艇（造型像是小遊艇）。

這3艘小艇配備的機槍式樣和數量都不詳。過去，曾有1艘給特種部隊用的美製小艇彼得森（Peterson）Mk.4巡邏艇（搭載1挺12.7mm機槍）提供給幾內亞比索，但是近來已經沒有繼續使用的跡象。因此該國海軍實際持有的只有3艘小艇。

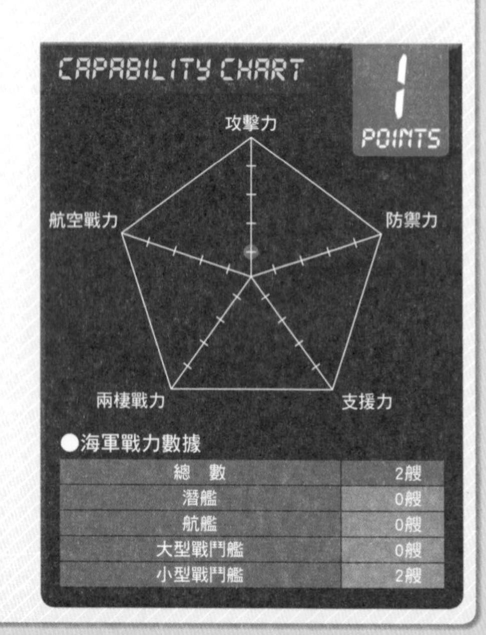

●海軍戰力數據

項目	數量
總　數	2艘
潛艦	0艘
航艦	0艘
大型戰鬥艦	0艘
小型戰鬥艦	2艘

與索馬利亞的恐怖組織及海盜對抗

肯亞海軍

Kenya Navy

照片來源：柿谷哲也

巡邏艇蘇賈號。在1997年配備2艘，搭載76mm砲。

海軍冷知識

為了協助肯亞海軍對抗海盜，美國海軍伸出援手，並且提供教育訓練，讓肯亞海軍熟悉盤查臨檢的技能。

肯亞海軍最大的軍艦是1400噸沿岸巡邏艦賈西利號（Jasiri）。原本建造是要當作測量艦，後來被西班牙海軍改造成沿岸巡邏艦。這艘軍艦照理説是肯亞海軍的主力，但是採購仲介業者從中作梗要求佣金，結果無法取得。同一時期，肯亞將英國1988年建造的2艘納約級（Nyayo）送往義大利造船廠重整復航，維持住海軍的戰力。至於賈西利號，經過法院審判之後，終於重新動工，在延遲7年之後，於2012年正式配備。

肯亞海軍的主要任務是對抗恐怖分子和海盜。例如以索馬利亞為據點的青年黨恐怖組織，還有恐怖分子與毒品走私用的船隻，都列為打擊的目標。

2011年，青年黨恐怖組織和肯亞爆發戰鬥，這場戰鬥基本上是陸軍進攻索馬利亞。但肯亞海軍剛好在索馬利亞南部奇斯馬約港一帶巡弋，發現恐怖組織的運油船要駛入，於是使用火砲擊沉運油船。

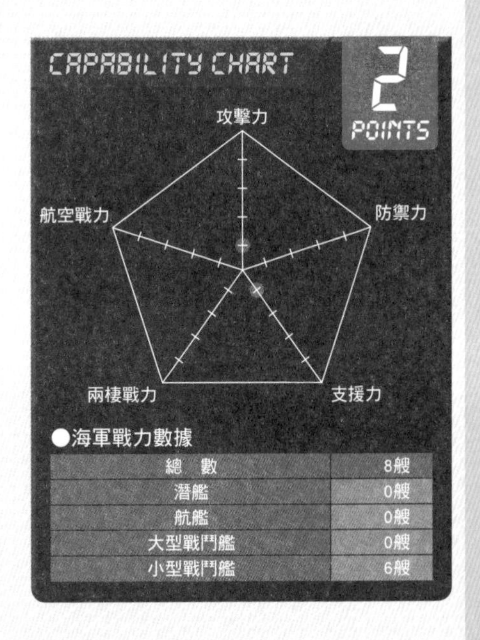

●海軍戰力數據

總　數	8艘
潛艦	0艘
航艦	0艘
大型戰鬥艦	0艘
小型戰鬥艦	6艘

內戰造成財政困窘，影響海軍運作

象牙海岸海軍

Ivory Coast Navy

海軍冷知識

聯合國派遣和平部隊前往象牙海岸，包括法軍900人在內，和各國軍人合計約8000人，還有1000名警察、170名軍事觀察員駐留。

帕特拉級巡邏艇氦氣球號（L'Interpide）。

象牙海岸據有長約540km的海岸線。2002年9月，部分軍人發動武裝革命，有部分海軍也加入了反政府派，導致政局混亂。

目前象牙海岸的局勢逐漸穩定，但是財政還是無法因應軍備費用，所以海軍預算遭到擠壓。

象牙海岸海軍擁有官兵950人，但是能夠運作的艦艇只有1艘帕特拉級（Patra）巡邏艇（搭載40mm砲1門、76.2mm機槍2挺、滿載排水量150噸），以及2艘運補物資用CTM多用途登陸艇（滿載排水量152噸、可載運48噸物資），另外還有港灣拖船2艘。

中國曾經提供1艘玉南級登陸艇給該國，但是目前似乎沒有在運作。海岸警備組織是漁業保護局，配備2艘羅德曼890型巡邏艇（8.9m），艇上搭載7.62mm機槍1挺。

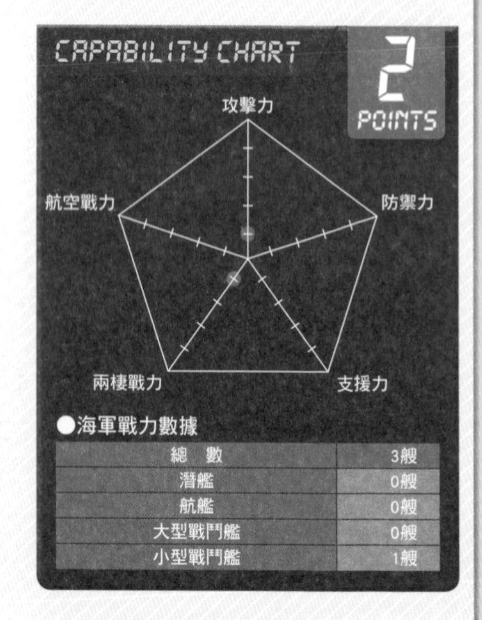

●海軍戰力數據

總　數	3艘
潛艦	0艘
航艦	0艘
大型戰鬥艦	0艘
小型戰鬥艦	1艘

接受美國海軍的訓練，官兵素質提升

剛果共和國海軍

Republic of the Congo Navy

9m巡邏艇。配備2具300匹馬力的舷外機，無武裝。

海軍冷知識

首都布拉薩維爾有2艘政府專用VIP小艇（6.5m）、以及7艘警備用黃道帶小艇（Zodiac），都納入海軍管理之下。

剛果共和國位於非洲西部，有約150km的海岸線。海軍總兵力有800人，備有艦艇11艘，分別配置在3個港灣中。海軍主力是4艘滿載排水量238噸的巡邏艇，前甲板搭載1座30mm雙聯裝砲，上方結構和後方甲板則各有1座14.5mm雙聯裝機槍座。另有4艘12m級巡邏艇，船上搭載3挺12.7mm機槍。還有3艘全長9m的多用途硬式小艇（RHIB），可以在港灣內巡邏，攔檢行經的船舶。

剛果共和國海軍曾派官兵接受美國海軍的基本教育。該國陸軍和警察經常以違反交通規則為由，向民眾索取賄賂。海軍也曾經惡形惡狀的對付漁民。不過，接受過美國海軍的法律執行及軍人模範教育，海軍的惡劣行為已經消失，沒有再成為媒體焦點了。

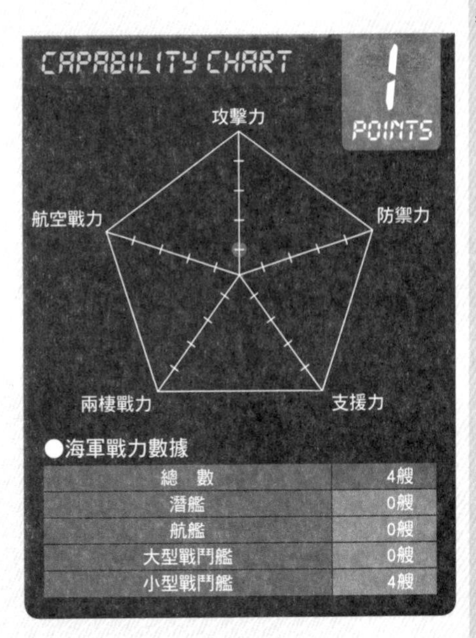

●海軍戰力數據

總　數	4艘
潛艦	0艘
航艦	0艘
大型戰鬥艦	0艘
小型戰鬥艦	4艘

必須防衛國界河川和湖泊的海軍

剛果民主共和國海軍

Democratic Republic of the Congo Navy

上海I級巡邏艇，配備2座37mm雙聯裝砲。

海軍冷知識

剛果民主共和國和反政府勢力交戰，在2014年又和盧安達爆發戰鬥，情勢非常不穩定。海軍則是和駐留的聯合國部隊一起，抵擋反政府勢力和鄰國的攻勢。

剛果民主共和國被安哥拉的境外國土（卡賓達省）及薩伊（剛果共和國）兩國夾住，海岸線僅有40km。

海軍官兵有6700人，相較於領海的範圍，海軍官兵似乎太多了。但這其實是有原因的。剛果與薩伊之間隔著剛果河，長達4700km，剛果和坦尚尼亞之間則隔著坦干伊喀湖，加上剛果是非洲國土第二大的國家，連帶使得剛果成為非洲內陸鄰國水域最長的國度。

為了警戒海岸到剛果河中游這段水域，配備了1艘上海I級巡邏艇（滿載排水量136噸），另外還有多艘航行支流用的小艇，但是確切數量不詳。

這些小艇採用可移動的平底船（Brage）基地為據點，這些平底船都有安裝機槍，由於剛果河上游和坦干伊喀湖水流平穩，巡邏艇可以拖著這些平底船前進，調整警備據點的位置。

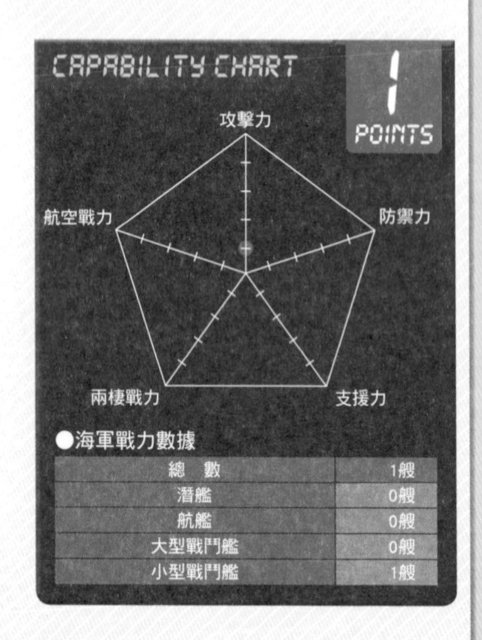

●海軍戰力數據

項目	數量
總　數	1艘
潛艦	0艘
航艦	0艘
大型戰鬥艦	0艘
小型戰鬥艦	1艘

過去曾使用過日本製的登陸艇

獅子山共和國海軍

Sierra Leone Navy

照片來源：獅子山共和國海軍

上海III級巡邏艇米爾頓號（Sir Milton）。

海軍冷知識

2007年時，在EEZ（專屬經濟海域）內，海軍巡邏艇查獲搭載著幾內亞海軍軍人的船舶，在船內找到自動步槍和搶來的魚獲，被視為海盜行為而加以逮捕。

獅子山是非洲西岸的國家，海岸線長450km。獅子山共和國海軍則是官兵270人的小型海軍。

主力是062型（上海級）巡邏艇，是1979年起陸續取得了3艘，但是現在只剩下1艘2005年取得的上海III級。雖然船身很小，但是搭載著4座37mm雙聯裝砲、4座25mm雙聯裝砲，是火力非常強大的砲艇。

1979年進口的2艘（已經除役）巡邏艇上，安裝著反潛火箭，後來被拿來當作反艦火箭來運用（註6）。此外，還有3艘沒有固定武裝的6m海上方舟型巡邏艇。

以前獅子山曾經使用日本造的登陸艇（滿載排水量634噸），是1978年在四國與警固屋船塢建造，並且在1980年移交3艘給獅子山共和國海軍，到了1994年，才轉移給港灣局繼續服勤。

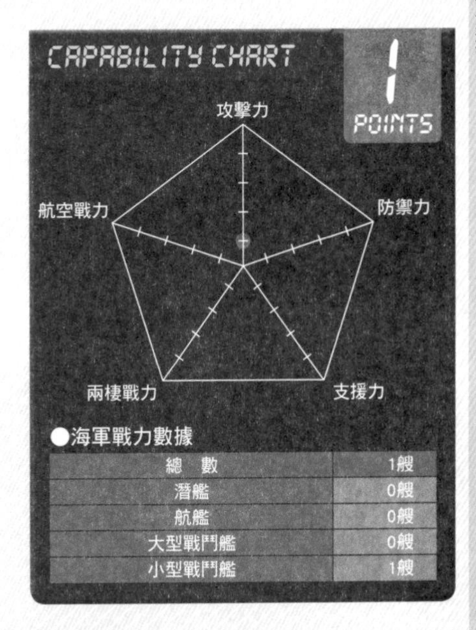

●海軍戰力數據

項目	數量
總　數	1艘
潛艦	0艘
航艦	0艘
大型戰鬥艦	0艘
小型戰鬥艦	1艘

以對抗鄰國索馬利亞的海盜及反恐為主要任務

吉布地海軍

Djiboutian Navy

照片來源：美國海軍

防衛者級（Defender）巡邏艇。應該是美國海軍提供的。

海軍冷知識

各國艦艇執行對抗海盜任務時，吉布地港成為各國的重要據點。美國、德國、法國、日本海上自衛隊都曾經入港停泊。美國海軍甚至派遣數艘巡邏艇組成港灣警備隊。

吉布地擁有250km左右的海岸線，海軍有官兵380人和13艘艦艇。主要任務是防範鄰國索馬利亞的海盜入侵，還有隨時監視恐怖分子由對岸的葉門潛入國內。

2009年時，在美國的援助下，一舉汰換了舊式的巡邏艇和巡邏小艇，引進2艘滿載排水量36噸的大隊級（Battalion）17型巡邏艇、與2艘滿載排水量28噸的海上方舟級（Sea Ark）1739型巡邏艇。艇上都裝配著14.5mm機槍2挺。

至於其他式樣的巡邏艇則沒有固定武裝，而是由官兵攜帶輕武器。吉布地海軍最大的艦艇是滿載排水量748噸的EDIC700型登陸艇，可以運送吉布地陸軍的車輛、物資、人員，承載量達200噸。

2008年時，吉布地與鄰國厄利垂亞海軍爆發國境糾紛。當時兩方都有派遣巡邏艇前往邊界的海域，但因為欠缺實證資料，無法確認兩國海軍有沒有交戰。

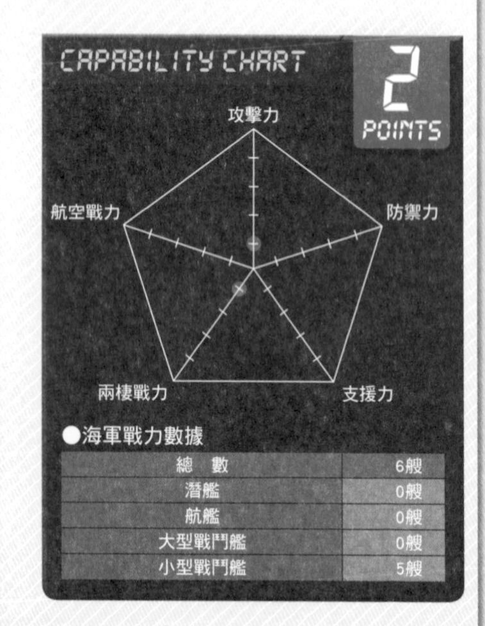

●海軍戰力數據

總　數	6艘
潛艦	0艘
航艦	0艘
大型戰鬥艦	0艘
小型戰鬥艦	5艘

在伊朗的協助下逐步強化海軍戰力

蘇丹海軍

Sudan Navy

阿邵拉I級（Ashoora I）巡邏艇。能夠以42節的高速航行。

蘇丹國土面向紅海，海岸線約290km。蘇丹海軍靠著1300名官兵和13艘艦艇來保護他們的領海。其中最大的船艦是滿載排水量20噸、全長12m的小型艇，充其量只能當成海港警備艇。

這一型的小艇有4艘，是1989年從南斯拉夫取得的。艇上搭載20mm機砲1座、7.62mm機槍2挺。除此之外，還有4艘從伊朗進口的12m級西沃特級（Sewart）巡邏艇。這一型巡邏艇原本歸伊朗海岸防衛隊所有，所以全都搭載著12.7mm機槍。

1992年引進的7艘Ashoora級巡邏艇，船身長8m，以FRP製成，搭載1挺7.62mm機槍和2具YAMAHA舷外機。還有2艘滿載排水量417噸的補給船。

現在蘇丹和伊朗並沒有海軍艦艇交流，不過蘇丹的海軍軍官都是接受伊朗海軍的教育訓練，這也算是維持著一層關係。

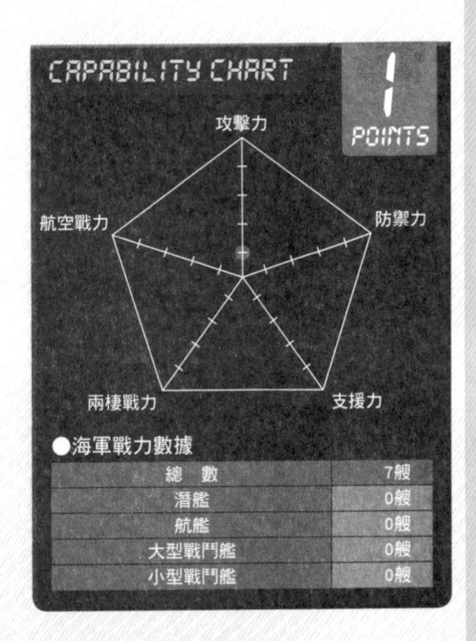

●海軍戰力數據

總　數	7艘
潛艦	0艘
航艦	0艘
大型戰鬥艦	0艘
小型戰鬥艦	0艘

海軍冷知識

從蘇丹獨立出來的南蘇丹，因為位於南部，領土並不靠海。南蘇丹有時會出動空軍和陸軍，對蘇丹發動攻擊。

與非洲本土分離，負責防衛首都島嶼的海軍

赤道幾內亞海軍

Equatorial Guinea Navy

照片來源：美國海軍

PV50M型巡邏艇。搭載1門30mm雙聯裝砲。2008年時已經配備了2艘。

海軍冷知識

赤道幾內亞和鄰國加彭之間因為寧巴耶島的歸屬問題而爭執不下，但兩國並沒有爆發海戰。2004年，兩國締結和平協議，目前還在討論該如何處理領土問題。

赤道幾內亞的國土位於非洲大陸西部，海岸線長170km左右，首都馬拉博位於一個邊界約170km的比奧科島上，這個小島介於該國與喀麥隆的國界，所以赤道幾內亞才會成立一個官兵300人、備有13艘艦艇的海軍來保護首都所在的小島。

該國最新銳而且最大的軍艦，是2012年引進的PV88型沿岸巡邏艦（滿載排水量1360噸），再來是小一點的PV50M型巡邏艦，兩型都是由保加利亞所建造，艤裝則是由烏克蘭進行。PV88型搭載76mm砲1門，PV50M型則是搭載30mm雙聯裝機砲，但是並沒有安裝飛彈。

這兩型巡邏艦的艦艉設有直升機甲板（沒有機庫），不過海軍並沒有編配航空隊，唯一能使用甲板的只有空軍的直升機。雖然沒有登陸艦，但是有1艘中國造的RO-RO式（滾裝式）兵員運輸艦（總噸位2800噸），可用來載運陸軍官兵和車輛靠港進出。

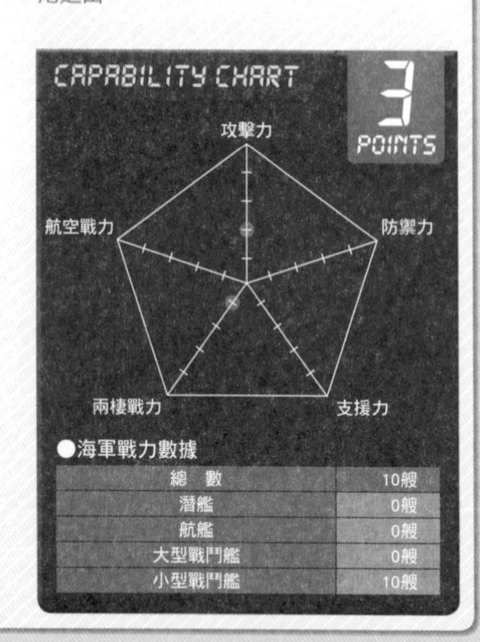

●海軍戰力數據

項目	數量
總　數	10艘
潛艦	0艘
航艦	0艘
大型戰鬥艦	0艘
小型戰鬥艦	10艘

接受美國的海事法執法教育，逐漸顯現成果

塞內加爾海軍

Senegal Navy

PR48型巡邏艇波多爾號（Podor）。滿載排水量254噸，搭載40mm砲1門，有2艘從1974年起開始服役。

海軍冷知識

塞內加爾海軍擁有海軍航空隊，從1982年起，就配備了1架無武裝、監視警戒用的DHC-6雙水獺型巡邏機，但不知道現在是否還能使用。

塞內加爾的海岸有420km，靠著900名官兵和15艘左右的艦艇來防衛。1987年服役的鶚55級（Osprey）巡邏艇，滿載排水量478噸，是該國海軍噸位最大的軍艦，不過畢竟非常老舊，能不能夠繼續運作令人存疑。

另有一艘尺寸差不多大、於1983年更早服役的PR72M型巡邏艇，已經在2002年大修完畢，成為現在的海軍主要戰力。雖然船體不大，可是前後甲板都各搭載1門OTO Melara 72mm砲。海軍轄下有100人規模的陸戰隊，能夠使用2艘EDIC700型登陸艇（滿載排水量748噸）來提供登陸支援。

2014年1月，海軍派出巡邏艇，接近正在領海內非法捕魚的俄羅斯漁船。陸戰隊隨即登船，把船長銬上手銬，並且扣押漁船。塞內加爾海軍接受過美國海岸防衛隊的訓練，因此緝拿俄羅斯漁船算是成果的展現。

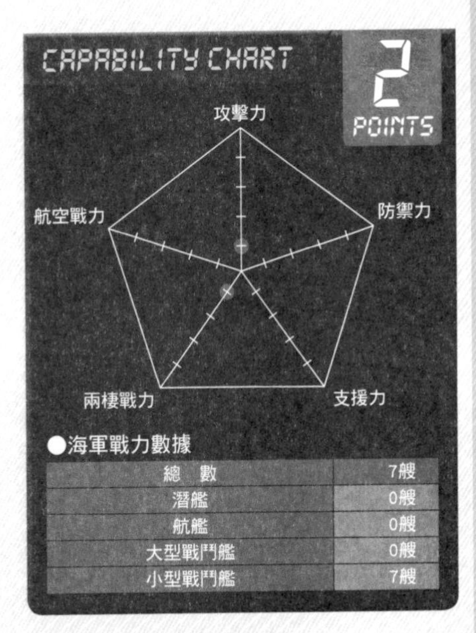

●海軍戰力數據

總　數	7艘
潛艦	0艘
航艦	0艘
大型戰鬥艦	0艘
小型戰鬥艦	7艘

由中國提供艦艇來維繫海軍戰力

坦尚尼亞海軍指揮部

Tanzania Naval Command

王清級多用途登陸艇波諾號（Pono）。滿載排水量80噸，可以搭載46噸的車輛。

海軍冷知識

坦尚尼亞有許多裝備是由中國提供。坦尚尼亞的警察也配備了原中國海軍的4艘榆林級巡邏艇（使用狀況不詳）。

坦尚尼亞的海軍指揮部擁有官兵1050人、艦艇12艘。用於防衛全長680km的海岸線、以及尚吉巴群島等島嶼。

船艦之中僅有2艘超過100噸，其他都是小艇。一般而言只需要10位官兵的小艇，卻申報了將近100人的薪資，很明顯是人事費用浮報造成的。

近年來由於索馬利亞海盜南下，在肯亞近海和馬達加斯加島之間出沒，讓人對坦尚尼亞的海軍警備能力感到懷疑。

坦尚尼亞海軍最大的艦艇是2艘062型（上海II級）巡邏艇，滿載排水量136噸，搭載著4座37mm雙聯裝砲，這些是中國海軍在1999年時提供的。美國政府也提供了2艘7.6m型附船頂的複合小艇（RHIB），作為港灣巡邏艇。

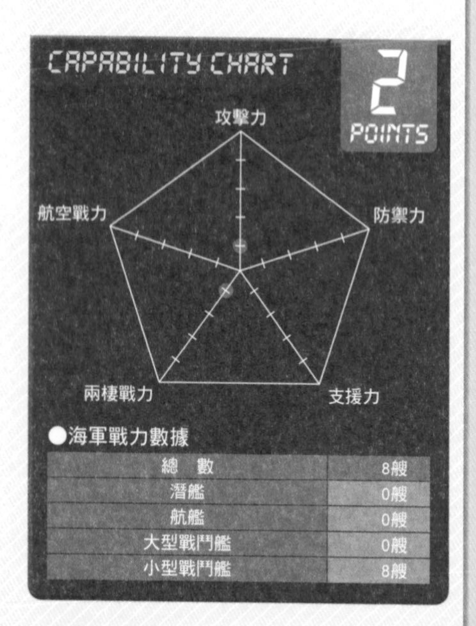

●海軍戰力數據

項目	數量
總　數	8艘
潛艦	0艘
航艦	0艘
大型戰鬥艦	0艘
小型戰鬥艦	8艘

利用多方面外交來維持路線平衡

突尼西亞海軍

Tunisian Navy

戰士III M級飛彈快艇拉格利特號和突尼斯號。滿載排水量432噸，搭載8枚MM40飛魚反艦飛彈。

突尼西亞海軍擁有4800名官兵、艦艇32艘。最大的艦艇是3艘法國造的戰士（La Combattante）III M級飛彈快艇（滿載排水量432噸），艇上搭載飛魚反艦飛彈。突尼西亞在歷史上與法國頗有淵源，所以艦艇大都是法國製造，直到現在仍舊與法國海軍維繫著緊密關係。

可是從2013年底開始，俄羅斯海軍驅逐艦海軍上將列夫欽科號（Admiral Levchenko）、補給艦謝爾蓋・奧西波夫號（Sergei Osipov）及中國海軍巡防艦鹽城號、洛陽號和補給艦太湖號，美國海軍巡防艦山穆爾・艾略特・摩里森號（Samuel Eliot Morison）都相繼前往突尼西亞，進行親善訪問，與該國海軍展開聯合演習。

突尼西亞的海軍裝備體系裡，除了3艘滿載排水量122噸的062C型巡邏艇之外，並沒有其他中國造艦艇。往後，突尼西亞會更積極和俄羅斯與中國接觸嗎？美國對此相當關注。

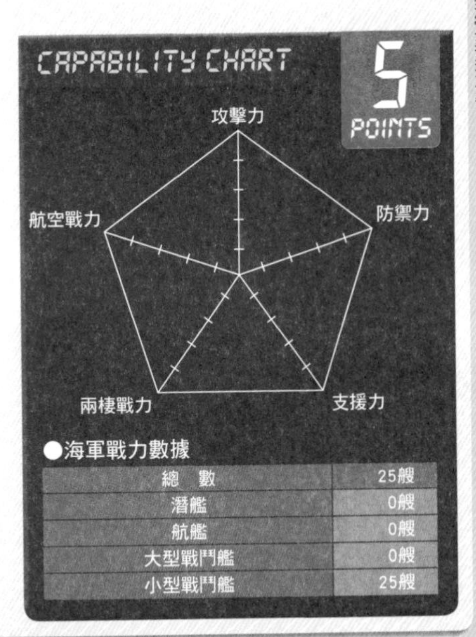

●海軍戰力數據

總　數	25艘
潛艦	0艘
航艦	0艘
大型戰鬥艦	0艘
小型戰鬥艦	25艘

海軍冷知識

1995年俄羅斯海軍的航艦庫茲涅佐夫號等8艘艦艇前往地中海巡弋，三個靠泊港之中，停留在突尼西亞的時間最久，似乎是向突尼西亞海軍表達友善。

海盜事件頻傳，歐美各國贈與巡邏艇

多哥海軍

Togo Navy

海軍冷知識

由於多哥近海經常發生海盜襲擊歐美船舶的事件，因此由法國與美國提供協助，加強多哥海軍的警戒監視能力。

沿岸巡邏艇莫諾號（Mono）。滿載排水量81噸，搭載1門40mm砲和1門20mm砲。

在靠海的非洲國家中，多哥的海岸線最短，僅有50km。因此多哥海軍備有280人和6艘艦艇，用於領海防衛。2014年7月，法國政府致贈了1艘全新的PRV33型沿岸巡邏艇，船體長33m，其他資訊不詳，應該配備有機槍等武器。預定往後還會再贈送1艘。

其實多哥海軍早在1976年就獲得了法國提供的卡拉級（Kara）沿岸巡邏艇（滿載排水量81噸、全長32m）。艇上搭載了波佛斯40mm砲1門，剛服役時還配備有法國航太公司製造的線導反艦飛彈，不過現在應該已經被拆除了。

另外還有3艘，是2010年和2014年由美國政府提供的防衛者級巡邏艇。以及附船頂的7.6m複合小艇（RHIB），搭載2具450匹馬力的HONDA製舷外機，小艇船艙前方則是安裝了12.7mm機槍。

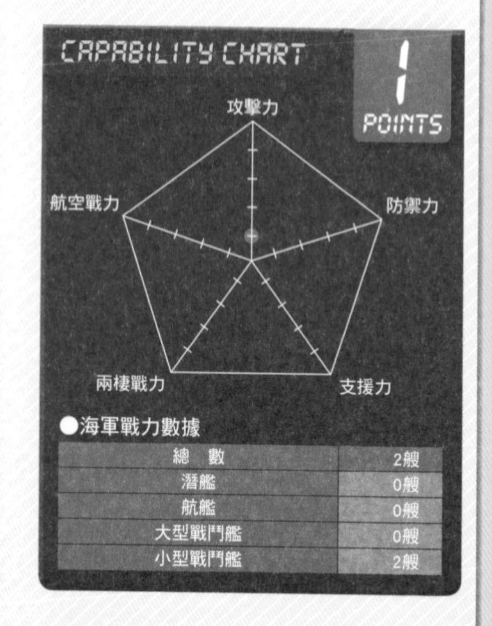

●海軍戰力數據

總　數	2艘
潛艦	0艘
航艦	0艘
大型戰鬥艦	0艘
小型戰鬥艦	2艘

西非各國海軍之中具有領導地位的海軍

奈及利亞海軍

Nigerian Navy

2012年購買的巡防艦雷神號，原本是美國海岸防衛隊的巡防艦。

海軍冷知識

2013年曾參加澳洲．雪梨的國際艦艇校閱典禮，是非洲唯一參加的國家。當時派遣的巡防艦雷霆號（Thunder）非常受到矚目。

奈及利亞海軍官兵總計約18000人（包括海岸防衛隊在內），艦艇有63艘，在西非各國中，算是大規模的海軍。艦艇中有1艘德國造的中古MEKO 360 H1型巡防艦，從1982年就開始服役，1999年起在艦上追加OTOMAT反艦飛彈，到了2013年，則是入塢進行延壽工程。

2012年，美國海岸防衛隊提供了中古的漢米爾頓級巡防艦，艇上安裝著機槍，不過沒有配置飛彈。

2014年，奈及利亞預定要引進2艘中國造的1800噸級沿岸巡邏艦，艦上可搭載Z9巡邏直升機1架。該國海軍擁有特種部隊，因此配備有15艘特種部隊專用的魟魚（Manta）Mk.III巡邏艇。艇上可搭載12.7mm機槍等武器，發揮出45節的高速，突襲不明船隻或調查船舶漏油。航空隊方面，配備了奧古斯塔A109E、AW139巡邏直升機以及ATR42巡邏機。

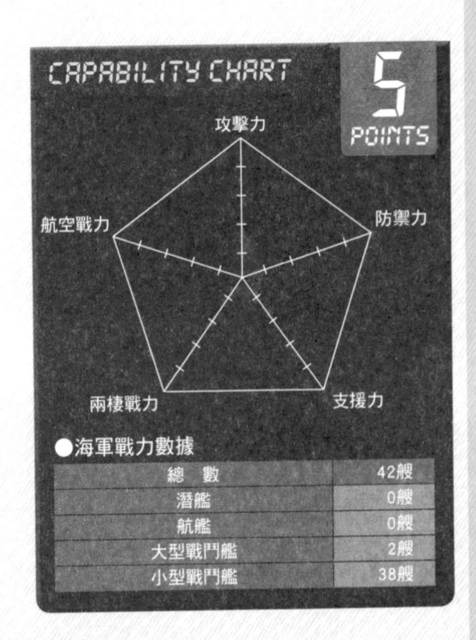

●海軍戰力數據

總　數	42艘
潛艦	0艘
航艦	0艘
大型戰鬥艦	2艘
小型戰鬥艦	38艘

相較於領海，戰力嚴重不足的海軍

納米比亞海軍

Namibian Navy

海軍冷知識

2014年6月，首次與中國海軍舉辦了親善訓練等級的聯合演習。對中國來說，納米比亞是非常重要的資源供應國。

象級沿岸巡邏艦。

納米比亞海岸線長1400km，該國海軍全員僅350人，配備8艘艦艇。除了2012年向中國採購的象級（Elephant）沿岸巡邏艦之外，其他艦艇都是小型艇，充其量只有警戒港灣周邊的能力。

象級巡邏艦總噸位2834噸，配備1門37mm砲、2挺14.5mm機槍。艦艉設有直升機甲板（沒有機庫），設計的原型是中國漁業局的漁業監視船。

2010年，納米比亞向巴西採購了3艘新造的巡邏艇，其中1艘的滿載排水量有217噸，搭載波佛斯40mm砲。另外2艘是46噸的小艇，搭載12.7mm機槍。負責警戒華維斯灣的是2艘9m巡邏小艇，搭載1挺12.7機槍與2挺7.62mm機槍，算是重武裝艇了。

除了海軍之外，納米比亞另有海上執法部隊。雖然沒有固定武裝，但是3艘巡邏艇都漆上軍艦灰色，另外還有漁業監視船1艘、調查船4艘。

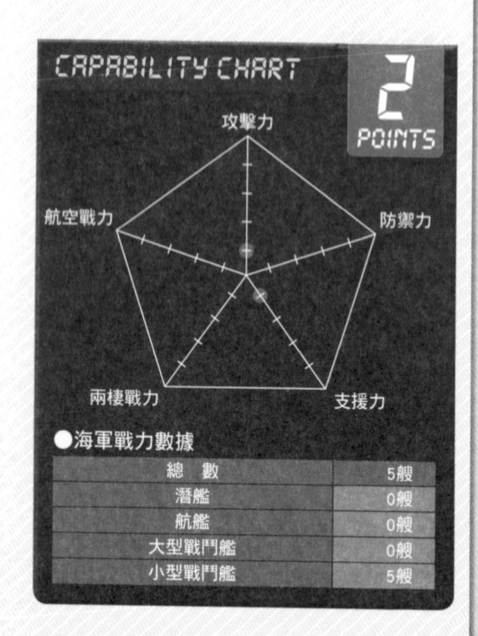

●海軍戰力數據

總　數	5艘
潛艦	0艘
航艦	0艘
大型戰鬥艦	0艘
小型戰鬥艦	5艘

為了對抗海盜，5 年間更新巡邏艇陣容

貝南海軍

Benin Navy

OCEA造船FPB98型巡邏艇。滿載排水量116噸，搭載1門20mm機砲。

海軍冷知識

流經貝南國土中央的河流，上游與奈及利亞邊境接壤，因此配備了2艘美國製和4艘韓國製的河川巡邏艇。

從公元2000年起，貝南配備了2艘中國造27m級巡邏艇，2012年又追加建造同型艇2艘，這型巡邏艇可搭載4座14.5mm雙聯裝機槍。同樣在2012年，貝南向法國購得3艘FPB98型巡邏艇（滿載排水量116噸），雖然性能與航速都比中國造巡邏艇更好，但固定武裝只有1門20mm機砲和2挺12.7mm機槍。此外，美國在2010年無償提供2艘防衛者級巡邏艇（RHIB）給貝南。

這些新式的RHIB附有船頂，航行性能佳，美國提供的理由是協助貝南對抗非洲沿岸的海盜。貝南海域是西非最常出現海盜的海域，2009年甚至發生過油輪船員被襲擊死亡的案件。

因此，在歐美各國積極推動下，經過幾年功夫，巡邏艇都煥然一新。此外還招募到200名官兵接受訓練，打算一舉強化貝南海軍的戰力。

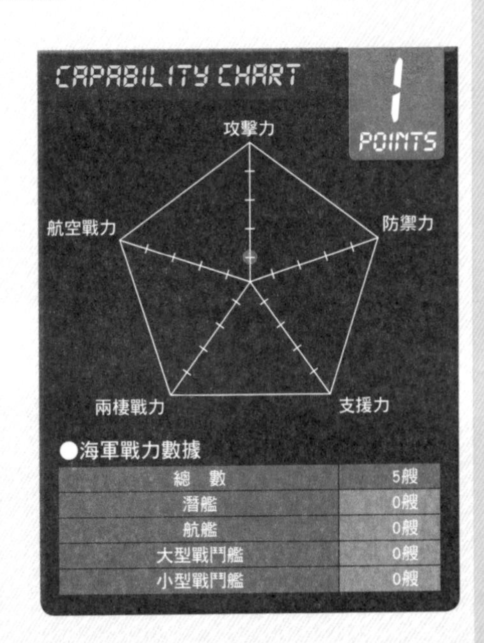

主力是用救生艇改造的無武裝巡邏艇

馬達加斯加海軍

Madagascar Navy

海軍冷知識

馬達加斯加過去曾與舊日本海軍有過防衛交流關係，和現在的海上自衛隊也同樣友好，海自會派遣武官外駐，2001年時，海自還派遣訓練艦隊前往該國進行親善訪問。

漁業監視船大觀音丸號，前身是日本的拖網漁船。

馬達加斯加是東非外海印度洋上的島國，擁有一個官兵430人、艦艇15艘的海軍。主力的警備艇是6艘滿載排水量18噸、全長13m的MLB型巡邏艇。

這些巡邏艇原本是美國海岸防衛隊在1960年代配備使用的FRP救生艇，後來經過改裝，追加了操縱台、主機、桅杆等裝備。其實這些救生艇幾乎從未使用過，所以可以外銷他國，只是很少見到有軍方拿來當武器。

馬達加斯加還有一個120人的陸戰隊，配備著1艘EDIC型登陸艇、1艘LCA型登陸艦、以及3艘支援用LCVP型車輛、人員登陸艇。至於其他支援船，包含港內拖船2艘、400噸級遠洋拖船1艘。後者是用原日本拖網漁船大觀音丸號改造而成，更名為Daikannon-maru（大觀音丸號的日文發音）。平常都拿來當作漁業監視船。

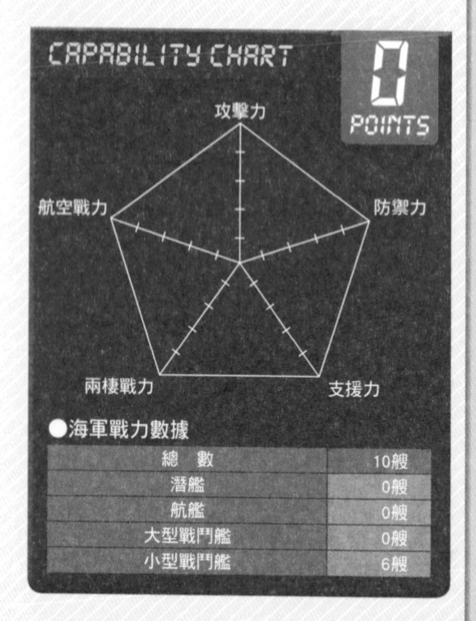

●海軍戰力數據

總　數	10艘
潛艦	0艘
航艦	0艘
大型戰鬥艦	0艘
小型戰鬥艦	6艘

湖上的小型海軍，引進35m級巡邏艇

馬拉威陸軍海上單位

Malawi Army Maritime Unit

安大列斯級巡邏艇卡松古號（Kasungu）。滿載排水量42噸，搭載1門20mm機砲。

海軍冷知識 馬拉威海上部隊擁有12m登陸艇（LCU），可搭載8名士兵，不過船體日漸老化，現在可能無法運用了。畢竟，其他巡邏艇也能載運8名士兵。

馬拉威雖然是內陸國，但是和鄰國坦尚尼亞與莫三比克之間，隔著馬拉威湖。馬拉威與這兩國的國界線長達500km，所以才會設置湖上的海軍戰力。

這些水面部隊由馬拉威陸軍統領，由名為陸軍海上單位的部隊來指揮。轄下有人員200名、滿載排水量42噸的安大列斯級（Antares）巡邏艇1艘、以及5噸的納馬庫拉級（Namacurra）巡邏艇2艘。

2013年，馬拉威引進7艘防衛者BR850巡邏小艇（RHIB）。除了取得小艇之外，同時也和諾提克製造公司簽訂了官兵訓練與船舶維護管理的合約。該公司還推銷能夠當作RHIB母艦的35m級沿岸巡邏艇。

位於猴子灣的基地，只有1座棧橋與船隻修理工廠，並沒有造船廠。所以，進口的船隻得要用大拖車載運，走陸路前往湖邊，這導致船艦的尺寸受限。在重重困擾下，馬拉威將來勢必要為35m級巡邏艇建立湖濱造船廠，或者是零件組裝廠。

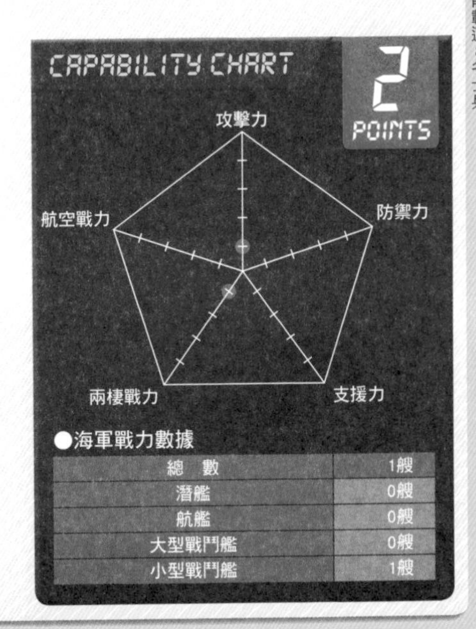

●海軍戰力數據

項目	數量
總數	1艘
潛艦	0艘
航艦	0艘
大型戰鬥艦	0艘
小型戰鬥艦	1艘

2006年起開始配備4艘新型防空巡防艦

南非海軍

South African Navy

海軍冷知識

海軍航空隊使用的5架巡邏機，是以道格拉斯DC-3（C-47）達科塔雙螺旋槳運輸機為基礎，換裝渦輪螺旋槳發動機，成為渦輪動力巡邏機。

勇敢級（Valour）巡防艦阿瑪托拉號（Amatola），2006年起向德國採購4艘。

南非海軍擁有官兵7500人以及65艘艦艇。海軍持有3艘德國造209／1400Mod型潛艦，在非洲國家中，只有埃及和南非才擁有潛艦。巡防艦採用了4艘德國MEKO A200型勇敢級（Valour・滿載排水量3648噸），船身採匿蹤設計，搭載Thales MRR3D雷達，並且在垂直發射系統（VLS）的32個發射槽內裝填國產的長矛（Umkhonto）防空飛彈，並且搭載2架超級山貓式（Super Lynx）巡邏直升機。

沿岸警備艇除了3艘戰士級（Warrior）巡邏艇（滿載排水量437噸）之外，還有4艘漆成紅色的巡邏艇，專門用於漁業監視任務。海軍最大的軍艦是滿載排水量12701噸的龍山號（Drakensberg）艦隊補給艦，可裝載5500噸燃料、750噸彈藥、2架直升機、還有4門自衛用20mm砲。

南非南端海域有個丹尼爾・歐佛班克海上試驗場，是全球少數容許在海上試射武器的測試海域。這裡準備了各種測量儀器，除了可以用來測試魚雷系統之外，反艦飛彈、

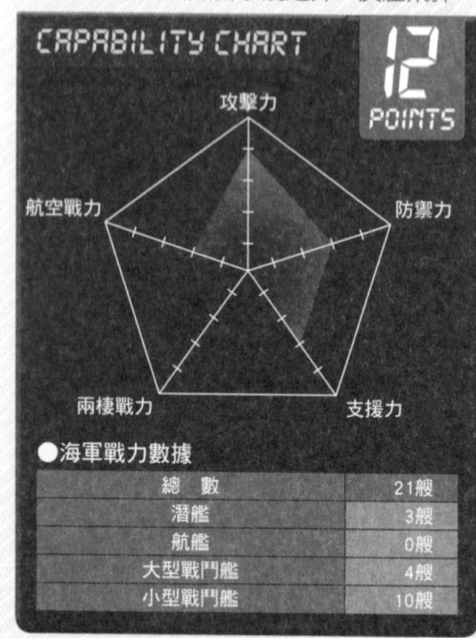

●海軍戰力數據

總　數	21艘
潛艦	3艘
航艦	0艘
大型戰鬥艦	4艘
小型戰鬥艦	10艘

女英豪級（Heroine、209型）潛艦夏洛特・麥克斯克號（Charlotte Maxeke）。2007年服役。

防空飛彈、火砲武器都可以在這裡試射。德國的軍艦建造企業就常運用這裡，付費進行武器測試。因為這層關係，南非海軍之中有不少德國造艦艇。

同樣的，歐洲各國海軍也常運用這個試驗場，提升官兵的戰鬥技能。南非海軍雖然不隸屬於NATO，但NATO各國軍艦的訓練、測試都在這裡進行，所以經常和南非海軍一起舉辦聯合演訓。相對來說，南非海軍反而很少派艦艇出國訪問了。2001年，印度在印度洋這一側舉辦國際海軍校閱典禮，龍山號也有參加。

勇敢級（Volour）巡防艦。

龍山號（Drakensberg）補給艦。

海軍冷知識

在1912年南非聯邦創建時，海軍就已經組織了陸戰隊。經歷兩次世界大戰後，在1951年南非共和國建國前夕，組織了現在的陸戰隊組織。從1970年代起，累積了不少實戰經驗。

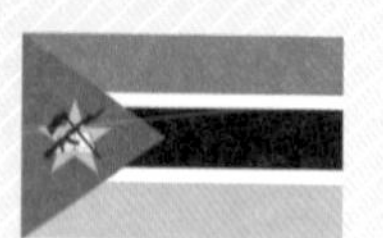

由法國、南非、美國提供艦艇，提升海軍戰力

莫三比克海軍

Mozambique Navy

納馬庫拉級巡邏艇Y07與Y30。滿載排水量5噸，搭載1挺12.7mm機槍、2挺7.62mm機槍。

海軍冷知識

2艘漁業監視船之中，有1艘是被莫三比克海軍擄獲的非法漁船，經過法律裁罰之後，轉為漁業監視船，另1艘是原南非海軍的環境監視船。

莫三比克的海岸線總長有2200km，和內陸鄰國馬拉威之間隔著馬拉威湖。但海軍只有200名官兵和15艘艦艇，根本無法保護現有的領海。

自從1975年從葡萄牙獨立以來，莫三比克在法國的協助下整備海軍。最大的艦艇是西班牙海軍在2013年提供的康尼傑拉級（Conejera）巡邏艇（滿載排水量85噸），艇上搭載1門奧利崗（Oerlikon）20mm機砲、1挺12.7mm機槍。

在港灣警備方面，南非政府在2004年提供了2艘納馬庫拉級（Namacurra）巡邏艇。9m的船體上搭載著1挺12.7mm機槍和2挺7.62mm機槍。

為了讓印度洋海岸與馬拉威湖岸的港口得到適當的防衛，美國在2010年提供了12艘防衛者級巡邏艇（全長7.6m），每艘小艇都搭載1挺12.7mm機槍。

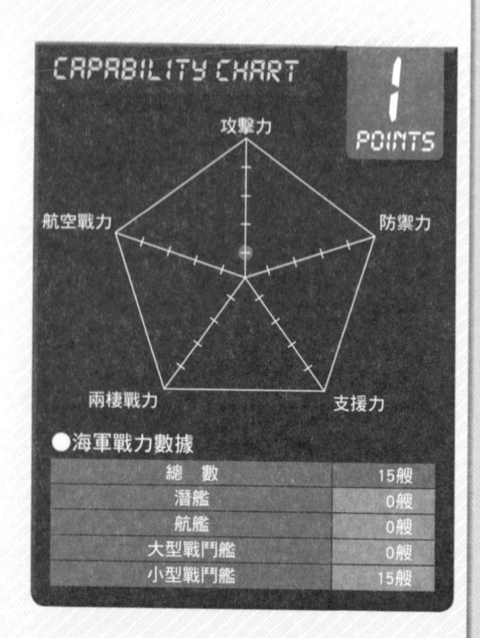

●海軍戰力數據

總　數	15艘
潛艦	0艘
航艦	0艘
大型戰鬥艦	0艘
小型戰鬥艦	15艘

公元2000年以後，陸續引進各國新舊巡邏艇

茅利塔尼亞海軍

Mauritania Navy

黃埔級巡邏艇利曼艾爾哈德拉米號（Limam El Hadrami）。滿載排水量437噸，搭載1座37mm雙聯裝砲、2挺14.5mm機槍。

海軍冷知識

茅利塔尼亞海軍擁有航空隊，轄下有2架派普夏安II式渦輪螺旋槳發動機巡邏機。從同型機的性能來估算，飛航速度可達到290節。

茅利塔尼亞擁有長達650km的海岸線，靠著700人與11艘巡邏艇的海軍來保護。最大的艦艇是1964年建造的原西班牙海軍巡邏艦沃姆・雷利塔號（Voum-Legleita，滿載排水量1086噸）。公元2000年時把2座新式的20mm機砲安裝上去，但艦體終究難掩老態。2002年時，則是向中國引進了全新的黃埔級（Huang-Pu）巡邏艇（437噸）。

1994年時，曾向法國企業引進1艘OPV54型沿岸巡邏艇，滿載排水量380噸、全長54m、搭載2挺12.7mm機槍。這原本是要銷售給法國的OPV54型的原型艇，船艉設置了坡道，可以讓RHIB小艇進出，這樣的設計是希望能夠更迅速達成船舶臨檢等任務。現在，則是計畫要採購60m級巡邏艇2艘，一旦開始服役，將成為海軍最大的艦艇。在海軍轄下備有約200名陸戰隊員，不過並沒有專用登陸艇來運輸兵員，而是由一般巡邏艇來載運。

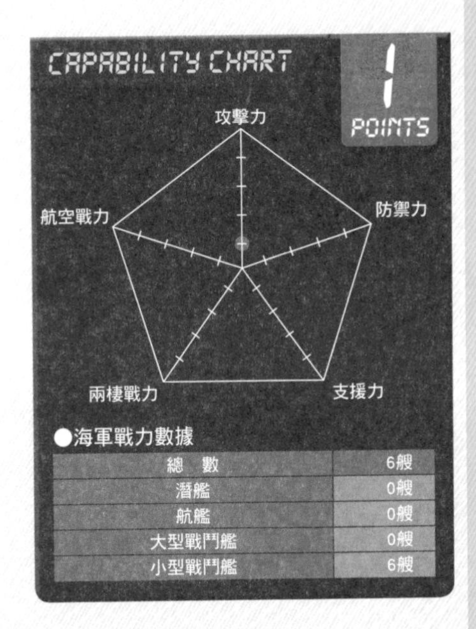

●海軍戰力數據

總　數	6艘
潛艦	0艘
航艦	0艘
大型戰鬥艦	0艘
小型戰鬥艦	6艘

北非第二大海軍，向法國採購新銳艦艇

摩洛哥海軍

Royal Moroccan Navy

花月級巡防艦・穆罕默德V號，搭載2枚MM38飛魚反艦飛彈。

海軍冷知識

摩洛哥的海上警備機關並不只有海軍，還有海岸防衛隊、警察、關稅局、水產部等等。水產部還配備了11架皮拉圖斯BN防衛者巡邏機升空巡弋。

摩洛哥海軍創建於1960年，官兵約7800人，艦艇約100艘。最大的戰鬥艦是2艘法國造花月級（Floréal）巡防艦（滿載排水量2997噸），艦上配備1架AS565黑豹式巡邏直升機，機上可掛載企鵝反艦飛彈。而最新的戰鬥艦是2011年引進的3艘西格瑪級（Sigma）巡邏艦，艦體採用匿蹤設計，搭載MICA防空飛彈。

2014年預定要配備1艘法國造FREMM型巡防艦（滿載排水量約6000噸），搭載海克力士3D雷達與阿斯特（Aster）防空飛彈。法國原本的FREMM裝載的是SCALP巡弋飛彈，但是外銷摩洛哥的則是沒有巡弋飛彈的「反潛型」。

2012年，一艘婦產科醫師的船駛出摩洛哥港，在公海上為摩洛哥女性進行墮胎手術。手術結束返回時，遭到海軍的攔查，基於摩洛哥法律，將這艘船逐出領海。

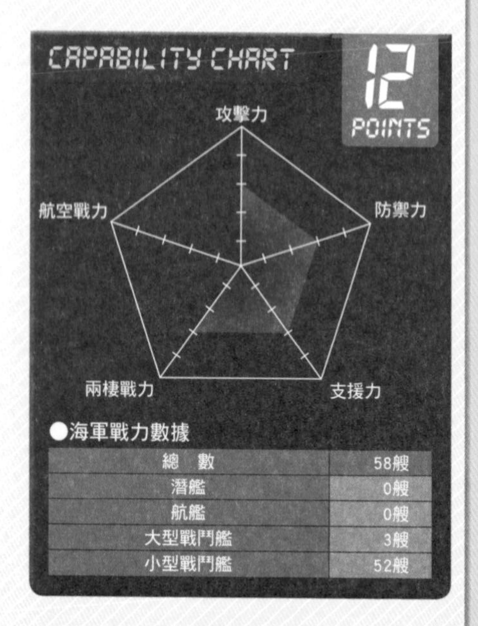

●海軍戰力數據

總　數	58艘
潛艦	0艘
航艦	0艘
大型戰鬥艦	3艘
小型戰鬥艦	52艘

格達費政權崩潰後，海軍也逼近毀滅狀態

利比亞海軍

Libyan Navy

柯尼級巡防艦哈尼號（Al Hani）。滿載排水量1930噸，艦上搭載4枚冥河反艦飛彈。

海軍冷知識

2011年政變時，美國空軍（NATO聯軍）派出A-10攻擊機，掛載反艦飛彈，以機砲擊沉了利比亞海軍的巡邏艇。這是A-10首次用於反艦攻擊。

自從2011年利比亞的格達費政權垮台以來，國內不斷爆發武裝衝突，各方勢力甚至無法整合出新政府。海軍在政變時也瀕臨毀滅。在政變前，海軍擁有巡防艦2艘、巡邏艦9艘，各種艦艇合計35艘。但2011年NATO聯軍出動攻擊，摧毀8艘以上，而武裝勢力也掠奪、破壞了2艘。

處於保存狀態的1艘狐步級（Foxtrot）潛艦，在翌年2012年正式除役，目前只剩下科尼級（Koni）巡防艦1艘、納特亞級（Natya）掃雷艇2艘、波諾奇C級（Polnochny-C）登陸艦2艘，合計有10艘艦艇。

從2012年起，海軍官兵接受英國的再教育，並且決定引進MRTP-20高速巡邏艇。2014年，1艘北韓船籍的油輪從武裝集團占據的油田出港，利比亞艦艇立刻追擊開砲，但是美國海軍以擊沉油輪會造成環境嚴重汙染為理由，要求停止砲擊，接著派出海豹特種部隊突襲登船，控制了油輪。

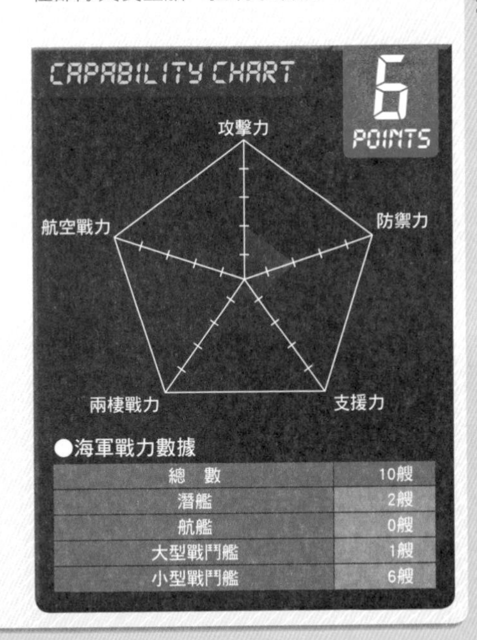

●海軍戰力數據

總　數	10艘
潛艦	2艘
航艦	0艘
大型戰鬥艦	1艘
小型戰鬥艦	6艘

特種部隊

海軍擁有的「海軍戰力」之中，有一個類別叫做「特種部隊」。特種部隊以水面戰鬥艦或潛艦為據點，有時要隱匿地潛入敵區，執行偵察活動或破壞任務。特種部隊也可說是之後隨即要登陸的陸戰隊之前鋒，事先把登陸的阻礙給清除。

有些國家的特種部隊，會被奉命執行暗殺或綁架等，有可能引發外交糾紛的任務。要是在海上發現可疑船隻，則會用小艇或直升機載運特種部隊，實施登船臨檢，並且解除可疑船隻的武裝。

眾所周知的，美國海軍的特種部隊海豹（SEALs）是全球規模最大的海軍特種部隊。海軍為了支援部隊潛入，甚至會在攻擊型核動力潛艦上搭載海豹專用的SDV小潛艇。

如果是阿富汗那種沒有靠海的國家，特種部隊一樣可以潛入，並且監視恐怖組織的據點。他們能夠替戰斧巡弋飛彈標示攻擊目標，或是把攻擊目標的資訊告知從航艦升空的戰鬥攻擊機，以及使用雷射光標定、協助精密導引炸彈飛向目標。日本的海上自衛隊也有組織一支能夠對抗海盜、或臨檢船舶的特種部隊，名為「特別警備隊」。

照片來源：柿谷哲也

在巡防艦馬里亞特吉號（Mariátegui）上降落的祕魯海軍特種部隊FOES，他們曾經成功達成營救日本大使館人質的任務。

古巴革命海軍巡防艦390號。
照片來源：Emmanuel Huybrechts

Section 6

全球123國海軍戰力完整絕密收錄

中美洲

雖然號稱中美洲地區最大的海軍，但是…

薩爾瓦多海軍

El Salvador Navy

海軍冷知識

薩爾瓦多擁有海軍航空隊，但目前沒有飛機可用。美國政府打算贈送幾架固定翼巡邏機和直升機，目前正在洽談中。推測美軍的目的是想進駐該國基地。

照片來源：薩爾瓦多海軍

POINT級巡邏艇PM12號。滿載排水量68噸，搭載2挺12.7mm機槍。

薩爾瓦多海軍是中美洲最大規模的海軍，擁有兵員1150人、艦艇約55艘。不過，最大的艦艇是3艘滿載排水量102噸、全長30m的遊艇級（Camcraft）海岸巡邏艇，艇上搭載1門20mm砲和1挺12.7mm機槍。

這3艘小艇原本是美國為了接送海上油田員工而準備的運輸艇，移交給薩爾瓦多之後，加上一些武器就成了巡邏艇。

另外，還有型式不同的3艘海岸巡邏艇（37噸～68噸），以及4艘LCM型登陸艇（46噸、22m）。除此之外，海軍其他船舶都是15m以下的巡邏艇，大多沒有固定武裝。

這些小型巡邏艇幾乎有半數是美國和台灣贈送的。其中8艘是用風扇螺旋槳推進的平底船，用於河川警備。這類風扇螺旋槳小艇，在日本多半是當作休閒娛樂用途。

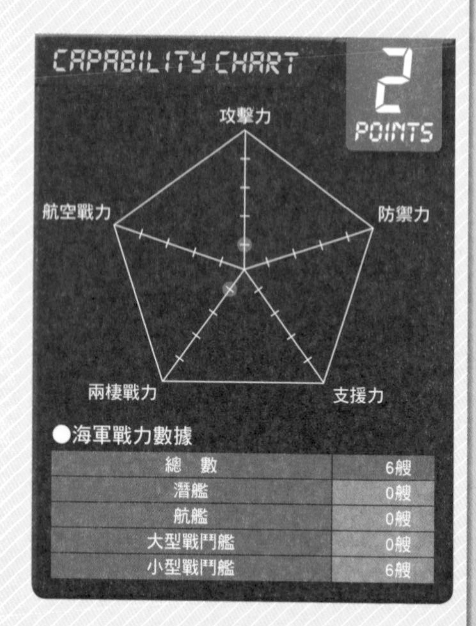

●海軍戰力數據

總　數	6艘
潛艦	0艘
航艦	0艘
大型戰鬥艦	0艘
小型戰鬥艦	6艘

漁船改造？貧窮海軍靠創意開發武器

古巴革命海軍

Cuban Revolutionary Navy

巡防艦390號。使用拖網漁船改造而成，艦上搭載著冥河（Styx）反艦飛彈。

海軍冷知識

和古巴沒有邦交的美國，自從1903年起，就在古巴東部的關達那摩建立海軍基地，每一年都要支付2千美元左右的租金給古巴。

1962年，「古巴飛彈危機」導致末日鐘一度逼近人類毀滅邊緣，當時的那個有蘇聯支援的古巴海軍，現在依舊和俄羅斯保持著合作關係。每當俄羅斯在政治上想要牽制美國時，就會把俄羅斯艦隊駛入古巴基地。

古巴海軍擁有官兵2800人和大約50艘艦艇（包含邊境警備隊）。最大的艦艇是滿載排水量3257噸的巡防艦390號。這艘軍艦其實是用西班牙的拖網漁船改造而成，搭載著反艦飛彈和57mm砲等武器。另外，過去的主力艦，3艘計畫1159型（Koni級）巡防艦在拆解時，將P-15反艦飛彈拆卸下來，然後改造成陸基發射的飛彈，絲毫不浪費任何戰力。

過去曾持有蘇聯製潛艦的古巴，現在則是擁有4艘北韓製（或伊朗製）以及國產的特種作戰用小型潛艇。

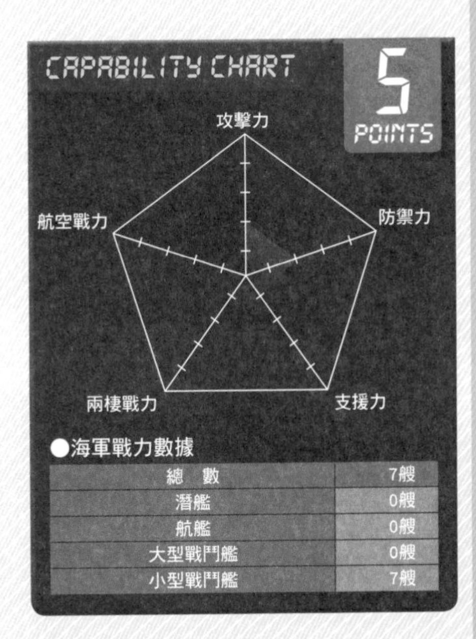

●海軍戰力數據

總　數	7艘
潛艦	0艘
航艦	0艘
大型戰鬥艦	0艘
小型戰鬥艦	7艘

使用小型艇緝拿毒品組織

瓜地馬拉海軍

Guatemala Navy

海軍冷知識

2009年，瓜地馬拉海軍和美國緝毒署合作，攔截臨檢毒品組織擁有的哥倫比亞製小潛艇，總計扣押古柯鹼多達10噸（該國最大的扣押量）。

照片來源：柿谷哲也

巡邏艇庫庫爾坎號（Kukulkan），搭載2門20mm機砲、4挺7.62mm機槍。

瓜地馬拉的海岸區分為太平洋岸和臨接大西洋的加勒比海岸，所以海軍也分成兩邊，總計有1250位官兵、40艘小型巡邏艇。

其中，有16艘雙人座FRP製、附舷外機小艇（搭載7.62mm機槍），配置在面向加勒比海的河川與湖泊，負擔警備任務。最大的巡邏艇是1艘滿載排水量112噸的闊刀級（Broadsword）巡邏艇，搭載20mm機砲。此外還有50噸左右的巡邏艇8艘。

雖然周邊國家並沒有敵意，但國內毒品組織常和墨西哥等國往來。為了避免毒品流入美國，美國提供了RHIB型巡邏小艇給瓜地馬拉，而且一併教育該國海軍如何登船臨檢。

此外，巴西政府也預定要提供10艘小艇給瓜地馬拉。瓜國海軍轄下還有500人的陸戰隊和人數不詳的海軍特種部隊。

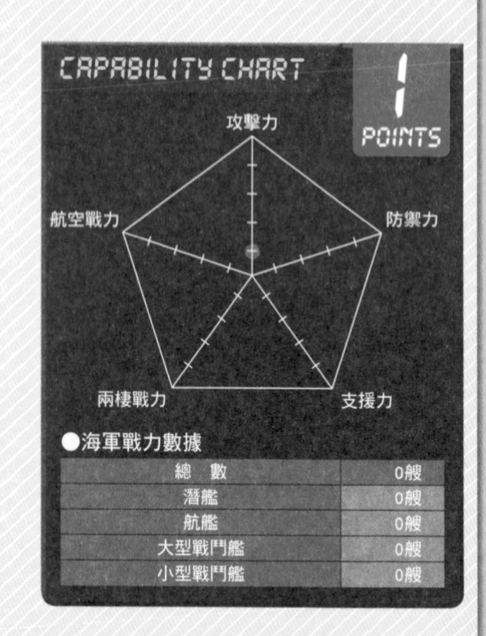

●海軍戰力數據

總　數	0艘
潛艦	0艘
航艦	0艘
大型戰鬥艦	0艘
小型戰鬥艦	0艘

配備3艘二戰時美國海岸防衛隊的巡邏艦

多明尼加共和國海軍

Dominican Republic Navy

參宿五女戰士級（Bellatrix）巡邏艇普羅施安號（Procion）。滿載排水量61噸，搭載3挺12.7mm機槍。

海軍冷知識

同樣以「多明尼加」為國名的島國多明尼加國，並沒有設置海軍，只有海岸防衛隊。

多明尼加共和國海軍擁有官兵9900人（含陸戰隊在內），艦艇大多是滿載排水量低於100噸的小型艇。不過令人驚訝的是，最大的艦艇是1943年造的原美國海岸防衛隊巴桑級（Balsam）浮標母船（滿載排水量1051噸）。

該國海軍在1995年取得這艘船後，在船上安裝了4吋砲。在同樣的方式下，又取得了1943年和1944年建造的2艘美國海岸防衛隊浮標母船（滿載排水量約500噸），並且增設機槍。但這2艘的航速只有9節而已。

雖説周邊沒有敵國，但鄰國海地的非法移民難以根絕，尤其是海地大地震之後，難民逃亡潮更加嚴重，因此海軍非常重視非法移民的監視任務。

還有，海軍要阻斷毒品與槍械的非法交易，為了達成任務，小型巡邏艇大都是航速超過25節的快艇，其中甚至有玻璃纖維製小艇，搭載2具300匹馬力舷外機，使得航速高達55節。

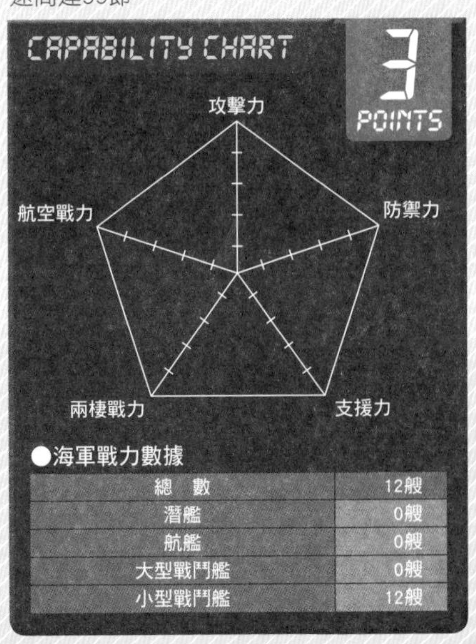

●海軍戰力數據

總　數	12艘
潛艦	0艘
航艦	0艘
大型戰鬥艦	0艘
小型戰鬥艦	12艘

建造由中國管理的大運河，海軍也連帶加強？

尼加拉瓜海軍

Nicaragua Navy

照片來源：柿谷哲也

巡邏艇坦達特號，搭載2挺12.7mm機槍。

由革命政權設立的陸軍組織桑定人民軍，在1990年改名為尼加拉瓜軍（Nicaraguan Armed Forces），其中，尼加拉瓜海軍是從陸軍裡調派900名官兵組成。

海軍配備了30艘左右的巡邏艇，其中19艘是長10m～13m，搭載舷外機的小艇。因為舷外機使用了美國製的高馬力產品，因此航速可高達50節。這些小艇上都設置了機槍。

最大的艦艇是4艘全長30m的羅德曼（Rodman）101型巡邏艇，都是由西班牙政府免費提供。搭載23mm機砲，負責漁業監視任務。那一條由俄羅斯和中國建造並管理的大運河，連接太平洋與大西洋，長達286km，取名為尼加拉瓜運河（比巴拿馬運河更深、更寬），已經開工建造，完工之後預定要由中國掌握營運權100年。中國還計畫在尼加拉瓜建造2個港灣和1座機場。為了增強防衛力，主動贈與巡邏艦艇，日後甚至可能讓中國海軍長期派駐在尼國基地。

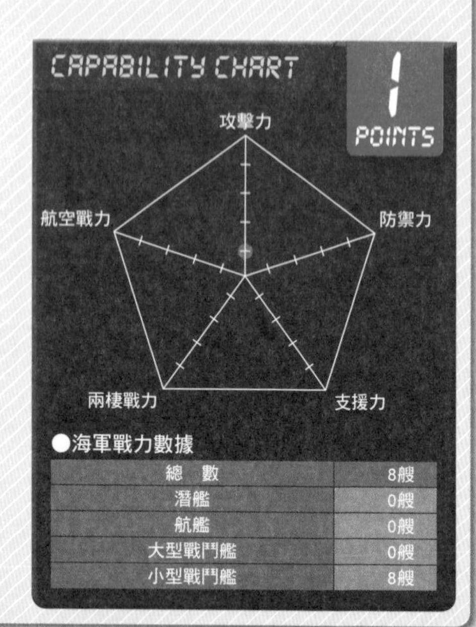

●海軍戰力數據

項目	數量
總　數	8艘
潛艦	0艘
航艦	0艘
大型戰鬥艦	0艘
小型戰鬥艦	8艘

海軍冷知識

尼加拉瓜運河的構想原本出自於美國海軍，早在巴拿馬運河開通之前，就已經做了計畫。不過巴拿馬運河已經成形，於是美國決定放棄尼加拉瓜運河的建設，因此運河計畫被中國取得了。

守衛巴拿馬運河的小規模海軍

巴拿馬國家海空勤務隊

Panama National Air-Sea Service

巡邏艇十一月四日號（4 de Noviembre）。搭載2挺7.62mm機槍，原本是美國海岸防衛隊的巡邏艇。

巴拿馬的海上軍事組織稱為國家海空勤務隊，主要任務是在連接太平洋與大西洋的巴拿馬運河與該國領海進行巡邏警戒，所以這支部隊同時擁有海上部隊與航空部隊，官兵總計1020人。

國家海空勤務隊持有的艦艇方面，小型巡邏艇和巡邏艇大約有50艘，100噸左右的巡邏艇有4艘，只不過，這些都是1960年代到1980年代建造的老舊艦艇了。

最新的艦艇是2007年美國贈與的4艘巡邏艇（13.4m）。另外，還有AW139直升機和C212巡邏機，在該國海域巡邏，這些都歸屬於航空部隊。2010年時，在義大利協助下，巴拿馬在陸上設置了10座沿岸雷達。

為了提升巴拿馬運河的警備能力、以及加強中美洲的穩定，美國海軍第4艦隊每年都會舉辦Panamax聯合演習，邀請中美洲各國與巴拿馬國家海空勤務隊參加。

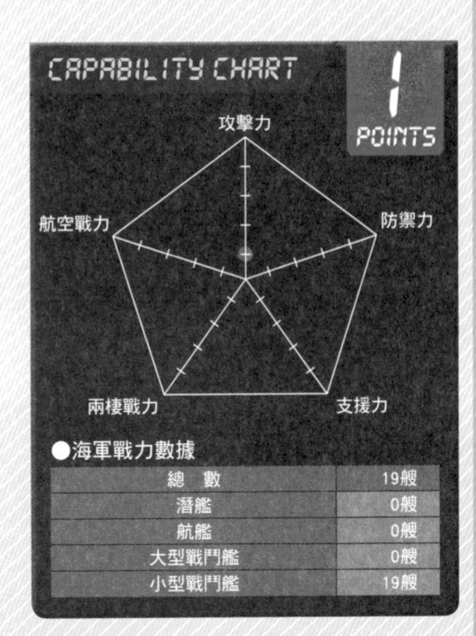

●海軍戰力數據

總　數	19艘
潛艦	0艘
航艦	0艘
大型戰鬥艦	0艘
小型戰鬥艦	19艘

海軍冷知識

巴拿馬運河從建設完成起，就一直由美國來管理，美軍還在運河兩端出口租用土地，一直到1999年才歸還給巴拿馬。

名為「國防軍」實際上是海軍組織

巴哈馬國防軍

Royal Bahamas Defense Force

巴哈馬級巡邏艇巴哈馬號。滿載排水量381噸，搭載1座25mm蝮蛇機砲。

海軍冷知識

巴哈馬國防軍裡有航空部隊，配備有Partenavia P-68、畢琪350（Beechcraft）、塞斯納208（Cessna）等飛機，作為海上巡邏機。

巴哈馬是個領土面積和日本福島縣差不多的島國，不過巴哈馬的國防軍並不是陸軍組織，而是由海軍所構成。巴哈馬國防軍擁有兵力1200人、艦艇16艘。最大的巡邏艇名稱就叫做巴哈馬級，滿載排水量381噸、全長60.6m，搭載1座25mm機砲、3挺12.7mm機槍。

因為沒有陸軍，所以組織了一個500人的特種部隊（性質和海軍陸戰隊相仿）。由於艦艇之中沒有登陸艇，部隊只能用巡邏艇來載運，實施登船檢查任務。

巴哈馬國防軍的主要任務是警備、搜索救難、查緝毒品和武器走私、以及古巴和海地的難民偷渡等。任務種類非常多樣化。

1980年5月10日，巴哈馬領海內發現2艘古巴漁船擅自捕魚，於是派出巡邏艇佛朗明哥號（Flamingo）上前緝捕。古巴則緊急派遣2架MiG-21升空，對巡邏艇開火射擊，打沉了佛朗明哥號。

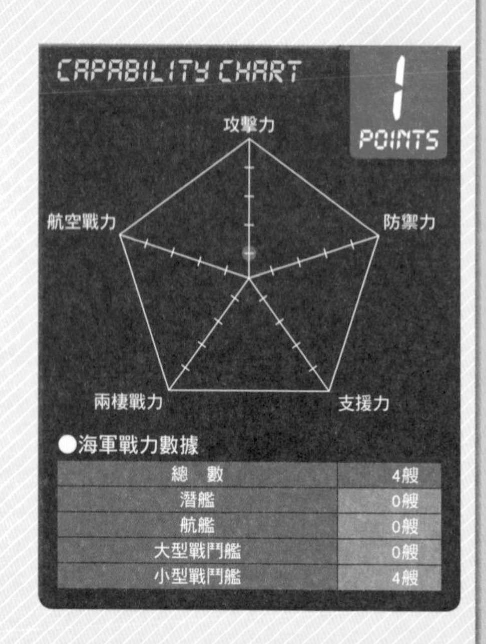

●海軍戰力數據

總　數	4艘
潛艦	0艘
航艦	0艘
大型戰鬥艦	0艘
小型戰鬥艦	4艘

對抗犯罪組織，向荷蘭租借巡邏艇，加強海軍戰力

宏都拉斯海軍

Honduras Navy

快速級（Swift）65英呎級巡邏艇喬盧特卡號（Choluteca）。滿載排水量34噸，搭載12.7mm機槍2挺，總計擁有5艘。

宏都拉斯海軍擁有官兵1400人（含陸戰隊）是個小規模的海軍。轄下約有45艘艦艇，大多是30m以下的巡邏艇，半數是少於10m的巡邏小艇。

海軍的主要任務是查緝毒品和武器走私，可是中美洲犯罪組織擁有快艇甚至潛艇，因此宏都拉斯向美國要求提升海軍戰力。同時又和荷蘭簽約，租借達曼斯坦（Damen Stan）4207型、攔截者（Interceptor）1120型巡邏艇各6艘，目前已經開始運交。

2010年起，接受美國政府的支援，整備2個海軍基地。2011年，美國海關的巡邏機在尼加拉瓜邊境一帶發現來歷不明的半潛水艇，美國海岸防衛隊馬上派巡邏艦艇追蹤，不明潛艇於是下沉到海中15m深，宏都拉斯海軍這時調派巡邏艇和潛水員，在潛水艇內找到古柯鹼和犯罪組織的5名成員，立即加以逮捕。

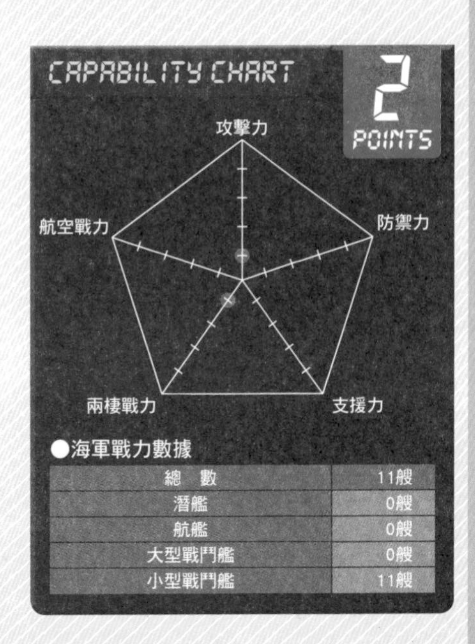

●海軍戰力數據

項目	數量
總　數	11艘
潛艦	0艘
航艦	0艘
大型戰鬥艦	0艘
小型戰鬥艦	11艘

海軍冷知識

海軍擁有450名陸戰隊員，搭乘宏都拉斯海軍最大的艦艇・多用途登陸艇卡克西納斯號（Punta Caxinas）（635噸、全長45.5m），可實施登陸作戰。

海軍的航空戰力

我們常聽説，1艘航艦的艦載機就足以和中、小國家的空軍匹敵。但海軍航空戰力並不僅限於航艦，有些國家是把海軍航空隊放在陸上基地。比方説印度海軍、中國海軍、阿根廷海軍等，都擁有陸基的戰機部隊。海軍在陸地上設置航空隊基地，理由是當敵艦接近沿岸時，就能立即升空發動攻擊。既然是以敵艦為目標，掛載的主要武器當然就是反艦飛彈了。

日本海上自衛隊編制下並沒有戰機，負擔同等任務的是航空自衛隊的F-2支援戰鬥機。支援戰鬥機的「支援」，指的是支援艦隊進行反艦戰鬥，所以一般國家把這些戰鬥機稱為攻擊機或戰鬥攻擊機。

海上自衛隊的P-3C巡邏機具備有掛載魚叉反艦飛彈的能力，不過P-3C的主要任務是反潛巡邏，主要武裝是魚雷和水雷，至於反艦攻擊任務則是交給F-2。各艘護衛艦所搭載的SH-60K巡邏直升機也能夠搭載地獄火反艦飛彈，可是射程太短，只有在敵艦沒有防空飛彈的前提下才能攻擊。比方説北韓派出的不明船隻、特殊工作船等都沒有防空武器，因此直升機掛載飛彈攻擊，還算是有效的戰術。

話説回來，艦載直升機的主要任務其實是巡邏周邊海域，尋找敵方潛艦。潛艦是海面艦隊的最大威脅，因此水面戰鬥艦總是希望能夠盡量增加直升機的搭載量，這樣才能持續進行反潛作戰。

海上自衛隊的P-3C巡邏機正在掛載魚叉反艦飛彈一景。

烏拉圭海軍巡防艦．烏拉圭號。
照片來源：烏拉圭海軍

Section 7

全球123國海軍戰力完整絕密收錄

南美洲

過去曾擁有航艦，是南美排名第三的海軍

阿根廷海軍

Argentine Navy

海軍冷知識

在福克蘭戰爭中，曾派出超級軍旗式攻擊機掛載飛魚反艦飛彈，擊沉了英國海軍42型驅逐艦雪菲爾號（Sheffield）。潛艦聖路易號（San Luis）也發射魚雷攻擊，但是沒有命中目標。

孢子級（Espora級）（MEKO 140型）巡防艦魯濱遜號（Robinson）。滿載排水量1880噸，搭載4枚MM38飛魚反艦飛彈。

阿根廷海軍緊咬巴西、智利，是南美洲第三名的海軍戰力。過去有一段時期，曾向英國和荷蘭採購中古的航艦，和巴西進行軍備競賽。

1983年，向德國購買4艘海軍上將布朗級（Almirante Brown）（MEKO 360H2型）驅逐艦當作主力艦，加上9艘巡防艦、以及各種支援艦艇，海軍達到艦艇50艘左右的規模。1982年時，向德國採購的2艘聖克魯斯級（Santa Cruz）潛艦，已經相當老舊，正在進行更換主機與聲納的作業，希望延長運用壽命。這個現代化工程預定在2014年完成。

海軍航空隊持有5架超級軍旗式攻擊機、4架P-3B巡邏機。水面戰鬥艦的數量和智利差不多，可惜性能方面不夠現代化。再者，智利經常與美國和世界各國進行聯合演習，阿根廷則沒有那麼熱衷於國際交流。

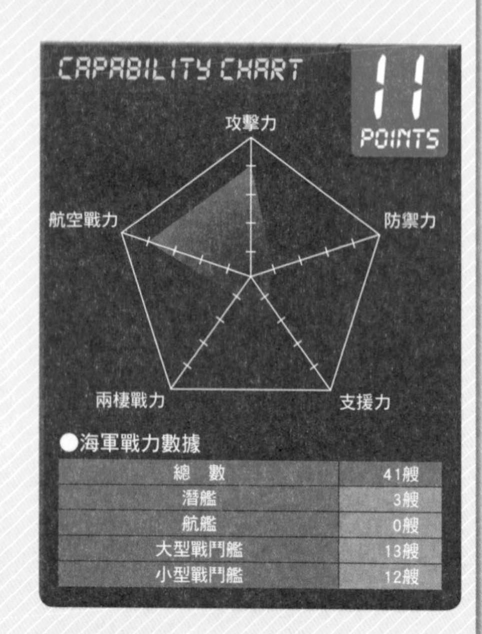

●海軍戰力數據

總　數	41艘
潛艦	3艘
航艦	0艘
大型戰鬥艦	13艘
小型戰鬥艦	12艘

是否要向法國引進新型匿蹤巡邏艦？

烏拉圭海軍

Uruguay Navy

若昂．貝洛司令級巡防艦烏拉圭號。滿載排水量2150噸，搭載100mm砲。

被巴西與阿根廷兩個海軍強國夾在中間的烏拉圭，需要防衛的海岸線有500km，比兩個鄰國短很多。海軍轄下有2艘若昂．貝洛司令級（Comandante Joao Belo）巡防艦，這2艘是2008年向葡萄牙購買的，原本建造於1967年，雖然經過現代化改裝，但尋找後繼艦艇的工作已經展開。

2014年4月，曾有新聞指出，後繼艦艇已決定採用法國DCNS公司的追風級（Gowind）巡邏艦，但從未正式公布。追風級備有匿蹤型艦體，配備3D雷達與防空飛彈，馬來西亞和埃及早已經採購了許多艘。

烏拉圭海軍大部分的艦艇是1950年代和1960年代的老舊艦艇，其中3艘掃雷艇（514噸）比較新，是1970年代製造。最大的艦艇則是滿載排水量4048噸的呂訥堡級（Lüneburg）補給艦。能夠載運1100噸的燃料和物資。

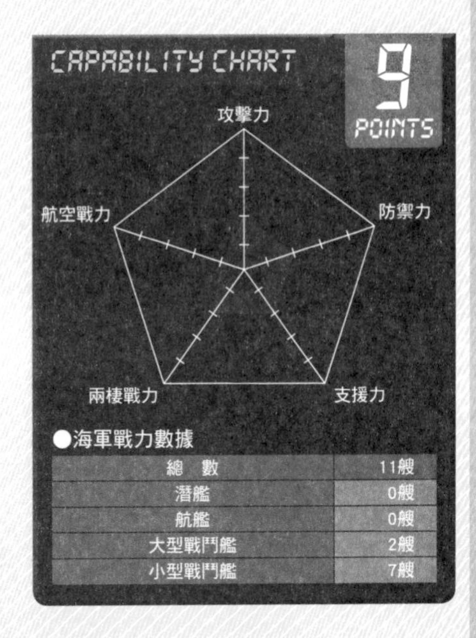

●海軍戰力數據

項目	數量
總　數	11艘
潛艦	0艘
航艦	0艘
大型戰鬥艦	2艘
小型戰鬥艦	7艘

海軍冷知識

烏拉圭海軍也擁有航空隊，採用畢琪200T和CASA C212作為海上巡邏機。此外還有450位官兵的陸戰隊，隸屬於海軍轄下。

與美國關係惡化，卻依舊參與聯合演習

厄瓜多海軍

Ecuadorian Navy

海軍冷知識

2008年，厄瓜多海軍的訓練用帆船瓜亞斯號（Guayas）曾遠航到日本東京與大阪，並且允許登船參觀。

巡邏艦埃爾奧羅號（El Oro），雖然只有698噸，但是上方設置了直升機甲板，並且搭載76mm砲。

厄瓜多海軍擁有30艘艦艇（含支援船在內），是南美洲的小型海軍。艦艇中有2艘從智利引進的中古李安達級（Leander）巡防艦（滿載排水量3187噸），6艘義大利造埃斯梅拉達級（Esmeralda）巡邏艦（660噸），是海軍的主力。

在政治層面上，厄瓜多與美國的關係並不好，但卻還是會參加美國海軍主辦的區域多國聯合演習，而且還會從鄰國智利引進巡防艦，就連海軍配備的2艘209／1300型潛艦，也會定期送到智利的造船廠進行整備，還協助更換聲納、電池等組件，讓潛艦保持現代化。可以看出和智利關係很好。

但是，和另一個鄰國祕魯的關係就很差了，歷史上兩國就經常爆發紛爭，1995年還發生塞內帕河戰爭，不過兩國之間並沒有爆發海戰。

厄瓜多海軍轄下有陸戰隊，但是沒有專用的登陸艇可以載運，也有海岸防衛隊，可用於執法與救難任務。

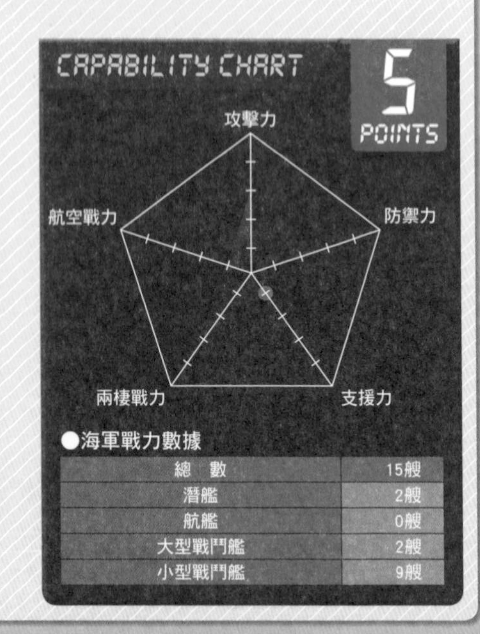

●海軍戰力數據

項目	數量
總　數	15艘
潛艦	2艘
航艦	0艘
大型戰鬥艦	2艘
小型戰鬥艦	9艘

除了對抗叢林河川間的恐怖組織，還要保護鯊魚

哥倫比亞海軍

Columbia Navy

巡邏艇荷西・瑪麗亞・帕拉斯號（Jos　Mar　a Palas）。滿載排水量101噸，後甲板配備1門40mm砲。

哥倫比亞海軍擁有官兵23000人（其中9000人是陸戰隊），艦艇之中配備4艘209／1200型潛艦，還有4艘滿載排水量2134噸的帕底拉級（Almirante Padilla）巡防艦。

此外，還有270艘左右的河川專用巡邏艇。比較特殊的艦艇是阿勞卡級（Arauca）河川砲艇，艇上搭載2門76mm砲、4門20mm機砲。還有不少河川巡邏艇附有直升機甲板。

哥倫比亞軍從1964年起，就和國內的非法武裝勢力・哥倫比亞革命軍（FARC、約8000人）及國民解放軍（ELN、約1800人）持續戰鬥，所以海軍也要和河川之中的武裝勢力船舶交戰。

哥國海軍有個比較奇特的任務，就是在海洋保護區（已被認定為世界自然遺產）內常駐巡邏艇，保護鯨鯊等大型卻日益稀少的鯊魚，免於遭到盜獵，而盜獵正是恐怖組織的收入來源之一。

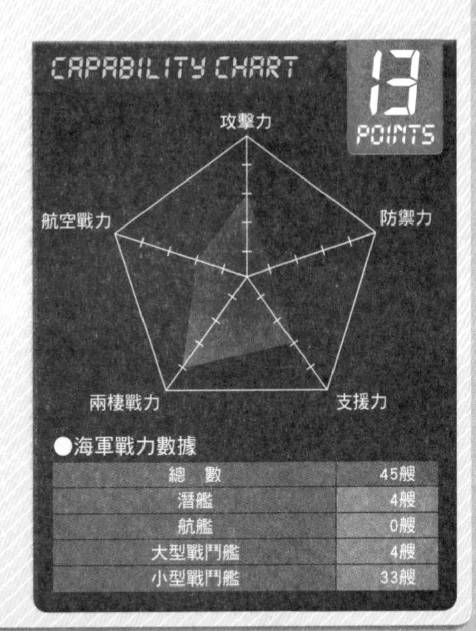

●海軍戰力數據

總　數	45艘
潛艦	4艘
航艦	0艘
大型戰鬥艦	4艘
小型戰鬥艦	33艘

海軍冷知識

哥倫比亞海軍已經多次擒獲犯罪組織的半潛水艇，在2011年甚至發現1艘全長30.5m、8噸的古柯鹼走私潛艇，是真正具有完備潛航能力潛艇，因此立即加以扣押。

以充實海岸防衛隊為優先，重新整建海軍

蘇利南海軍

Suriname Navy

海軍冷知識

蘇利南東方是法屬圭亞那，法屬圭亞那的國防全都委託給法軍，法國也在圭亞那設置海軍基地，並且派遣艦艇常駐。

計畫414級巡邏艇T-001號。總噸位205噸。用拖船改造而成的巡邏艇。

蘇利南的海岸線約380km，在南美國家中算是最短的。蘇利南海軍創建於1977年，不過當年配備的3艘荷蘭造巡邏艦都已經除役（1艘保存中），現在只剩9艘巡邏艇在服役。

最大的艦艇是荷蘭民營業者製造、在公元2000年引進的拖船。總噸位205噸、全長30m。這艘拖船被改造成巡邏艇，增列入海軍艦籍，但不確定有沒有武裝。現在的主力是排水量73噸、全長30m的羅德曼型（Rodman）巡邏艇，搭載40mm砲，這型快艇在艇艉附有坡道、可以讓RHIB等小艇上下。

蘇利南政府為了擴充海岸防衛隊，將海軍部分的巡邏艇和人員移交過去，所以9艘巡邏艇之中有幾艘歸屬於海岸防衛隊。

2012年，向法國OCEA公司採購了3艘巡邏艇，成為海岸防衛隊的一分子。可是，海軍至今還是沒有購買新型艦艇的計畫。

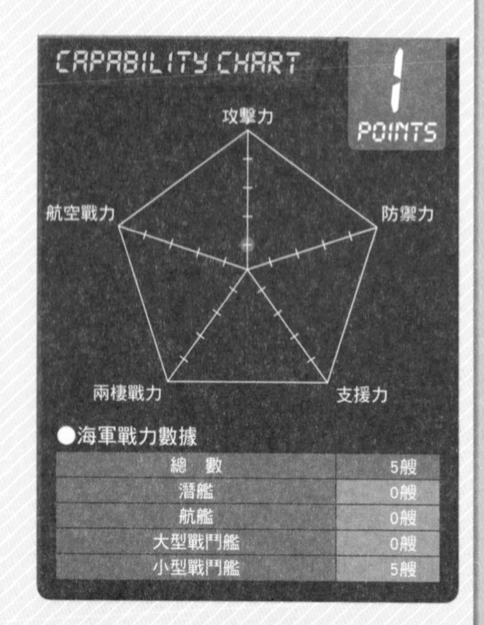

●海軍戰力數據

項目	數量
總　數	5艘
潛艦	0艘
航艦	0艘
大型戰鬥艦	0艘
小型戰鬥艦	5艘

8艘巡防艦一舉更新

智利海軍

Chilean Navy

照片來源：柿谷哲也

巡防艦布蘭科・恩卡拉達號，直升機機庫旁設置了VLS防空飛彈。

海軍冷知識

世界首次使用魚雷擊沉敵艦的戰鬥，是由1891年智利海軍驅逐艦林奇號所達成。不過那是一場內戰，遭到擊沉的是智利海軍裝甲艦布蘭科・恩卡拉達號（Blanco Encalada）。

智利在1818年從西班牙獨立，海軍也在當時創建，因此智利海軍是南美洲歷史最悠久的海軍。配備約26100人，艦艇約有70艘，以該國4500km的海岸線來說，艦艇數目似乎太少了。但是北方鄰國是祕魯，南方鄰國是阿根廷，祕魯海軍靠著4艘潛艦和8艘巡防艦，其實能夠做出靈活的調遣，防禦邊境不成問題。

潛艦是2005年從法國引進的2艘鮋魚級（Scorpène）（水中排水量1711噸）、以及從德國引進的2艘209／1400型（水中排水量1614噸）潛艦。身為主力的巡防艦是3艘從英國引進的中古23型巡防艦（滿載排水量4267噸）。

此外，還有從荷蘭引進的8艘中古艦艇，都在2004年服役。這些艦艇經過現代化改裝，讓智利海軍的戰力得以強化。同時，智利海軍還持有訓練用帆船埃斯梅拉達號（3673噸、全長113m），是世界最大的帆船軍艦，曾多次航行到日本訪問。

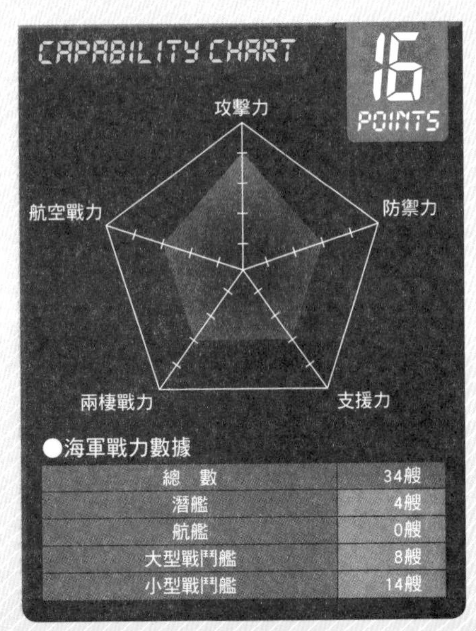

●海軍戰力數據

項目	數量
總　數	34艘
潛艦	4艘
航艦	0艘
大型戰鬥艦	8艘
小型戰鬥艦	14艘

艦齡超過百年！1908年造的軍艦仍舊維持現役的河川海軍

巴拉圭海軍

Paraguayan Navy

海軍冷知識

巴拉圭海軍還有1艘1931年造的烏邁塔號（Humaita）砲艦，一直服役到最近，才除役保存在博物館裡。這艘砲艦現役時，曾在1932年起的6年期間，投入巴拉圭與玻利維亞間的大廈谷戰爭。

河川巡邏艇凱布拉爾船長號。滿載排水量209噸，搭載1門40mm砲、2門20mm砲。

巴拉圭是個內陸國，不過，流經該國的巴拉那河與部分支流，是巴拉圭與巴西、阿根廷的邊界，所以需要設立一個以河川警備為目標的海軍，因此巴拉圭海軍擁有兵員1800人以及艦艇25艘。

最令人訝異的是，1908年荷蘭建造的河川巡邏艇凱布拉爾船長號（Captain Cabral）（滿載排水量183噸）仍舊維持現役，這原本是一艘拖船，後來才加裝1門40mm砲、2門20mm砲等武裝。

還有一艘義大利在1931年建造的河川砲艦巴拉圭號（滿載排水量879噸）也依舊維持現役。艦上搭載2座120mm雙聯裝砲、3門76mm砲、2門40mm砲，以火砲威力來說相當強大。另外，由阿根廷造的布夏德級（Bouchard）巡邏艇也是1939年完工。由此看來，巴拉圭有很多舊式的軍艦。究其原因，是因為這些船艦不必遭受海浪的摧殘，才能夠在河流中使用這麼多年。

另外，巴拉圭是南美洲唯一一個與台灣有邦交的國家，所以1996年時，台灣提供了4艘巡邏艇給巴拉圭海軍。

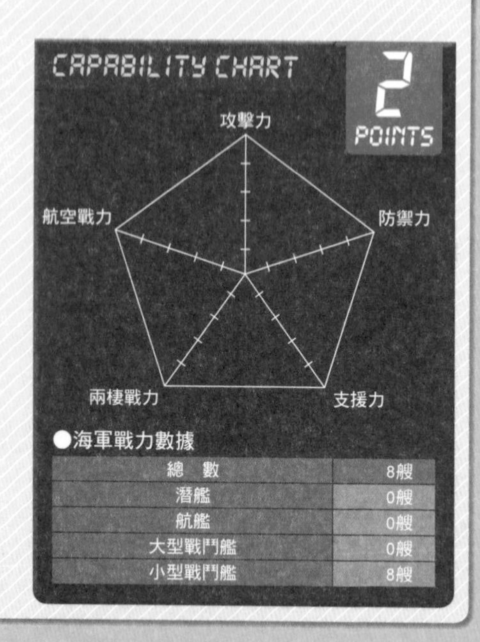

●海軍戰力數據

總　數	8艘
潛艦	0艘
航艦	0艘
大型戰鬥艦	0艘
小型戰鬥艦	8艘

南美洲大陸最大的海軍，推動核動力航艦計畫

巴西海軍

Brazilian Navy

巡防艦拉德馬克號（Rademaker）。原英國海軍22型巡防艦。

巴西海軍擁有官兵64000人，艦艇約110艘，是南美最大的海軍。公元2000年時，向法國海軍購買了福熙號（Foch）航空母艦，改名為聖保羅號（São Paulo）（滿載排水量34213噸、全長265m），並且於2001年服役，成為南美洲唯一的航艦持有國。

聖保羅號可以搭載AF-1（A-4KU）天鷹式攻擊機作為艦載機。雖然天鷹式是舊式的攻擊機，但是以電子儀器為主的各種裝備都經過現代化改良。美國又提供了C-1商人式艦載運輸機，預定要作為聖保羅號上的空中加油機。

負責護衛航艦的，是3艘原英國海軍22型巡防艦，可惜防空能力低落，只好向法國增購5艘FREMM級巡防艦，目前正在交涉中。FREMM是法國與義大利共同開發的，之前只有外銷給摩洛哥，艦上搭載海克力士3D雷達與阿斯特（Aster）防空飛彈，提升防空戰力。對航艦這類高價值武器來說，是最合適的護衛艦艇，假如沒能買到FREEM的話，巴西極可能轉向採購英國造或德國造的防空用護航艦艇。

潛艦方面，已經和法國達成協議，要

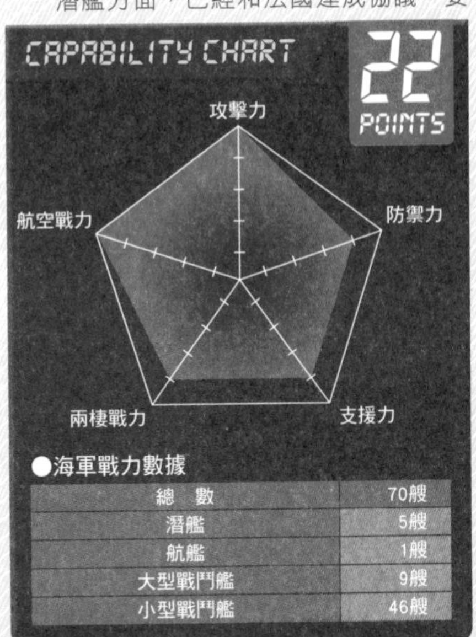

●海軍戰力數據

項目	數量
總　數	70艘
潛艦	5艘
航艦	1艘
大型戰鬥艦	9艘
小型戰鬥艦	46艘

海軍冷知識

巴西海軍配備6艘滿載排水量3766噸的尼泰羅伊級（Niterói）巡防艦。它的姊妹艦兼訓練艦巴西號曾在2008年訪問過日本東京，這是非常難得的交流。

航艦聖保羅號，原法國海軍航艦福煕號。

海軍冷知識

航艦聖保羅號的延壽工程已經結束，預定要服役到2025年。但是天鷹式艦載機都是1975年左右生產的，機齡超過40年，接替用的航艦也還沒確定。

購買4艘鮋魚級（Scorpène）潛艦，預定於2017年開始交貨。同時，又和法國商議要合作建造核動力潛艦，預計在2025年服役。如果計畫成真，巴西將成為南美洲第一個核動力潛艦持有國。

現有的潛艦，是1989年引進的4艘209／1400型、和2005年採購的1艘德國造209／1450型。其中1400型已經在2009年完成了近代化改良工程。巴西海軍除了要防衛本國海域，國內還有綿延無窮的亞馬遜河，與鄰國接壤，因此轄下也備有河川海軍部隊。

比較特異的艦種是1937年建造的河川砲艇（Monitor）（630噸），船艉後來還追加了直升機甲板。而河川巡邏艇則是30年汰換一次，最近打算向哥倫比亞採購4艘376噸級河川巡邏艇。艇上將搭載12.7mm機槍8挺、迫擊砲1門。

巴西在2012年時，發現沿岸有海底油田，於是籌組事業開發組織。為了強化經濟實力，有必要加強海軍戰力。雖然現在巴西周邊沒有敵國，但是巴西還是宣布要加強海軍來防衛油田。

209型潛艦塔莫伊歐號（Tamoio）。

戰車登陸艦馬托索・馬亞號（Mattoso Maia）。

與美國關係惡化，與鄰國爆發領土糾紛

委內瑞拉海軍

Bolivarian Navy of Venezuela

改良魯波級巡防艦薩洛姆將軍號。滿載排水量2560噸，搭載提修斯（Teseo）Mk.2反艦飛彈。

委內瑞拉面向加勒比海，海岸線長約1500km，海軍擁有18000名官兵，約30艘艦艇。在1976年時，曾向德國購買2艘209／1300型潛艦，到了2013年則是入塢進行更換主機、電池、潛望鏡的現代化改良，完成延壽工程。

主力的水面艦艇是6艘魯波級（Lupo）巡防艦（滿載排水量2500噸），以及6艘憲法級（Constitution）飛彈快艇（173噸）。2011年起，陸續購入西班牙造瓜奎利級（Guaiqueri）沿岸巡邏艦（2371噸），4艘已經服役，另有2艘正在建造中。這一型巡邏艦具備匿蹤艦體，配備76mm砲，不過沒有搭載飛彈。

委內瑞拉的東方鄰國蓋亞那一直陷於領土歸屬權紛爭，蓋亞那沒有海軍，只有幾艘警察機關用的警艇。所以沿海海域事實上被委內瑞拉給掌握。2013年時，美國企業獲得蓋亞那政府許可，將石油探測船駛入海域中，結果被委內瑞拉海軍的巡邏艇給扣押。

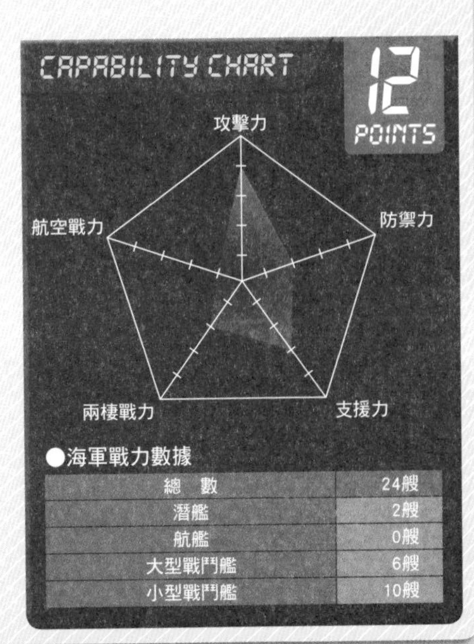

●海軍戰力數據

項目	數量
總　數	24艘
潛艦	2艘
航艦	0艘
大型戰鬥艦	6艘
小型戰鬥艦	10艘

海軍冷知識

委內瑞拉海軍與美國敵對，卻定期和俄羅斯海軍實施聯合演習。2013年俄羅斯巡洋艦莫斯科號（Москва）還遠航進行交流訪問。

日本人永誌不忘的祕魯海軍特種部隊FOES

祕魯海軍

Peruvian Navy

改良魯波級巡防艦・馬里亞特吉號（Mari tegui），雖然是小型艦，但127mm砲非常醒目。

祕魯海軍擁有官兵23000人、50艘艦艇。祕魯海軍之中，有一艘海軍歷史上最後以火砲武器為中心的二戰型巡洋艦・海軍上將格勞號（Almirante Grau）（滿載排水量12165噸），也就是原荷蘭海軍的巡洋艦第勞塔號。艦上配備著OTOMAT防空飛彈，但主要武器是4座153mm雙聯裝砲、以及2座40mm雙聯裝砲等火砲武器。這艘老船在2012年經歷過現代化改良，拆除了反潛聲納，卻強化了通訊能力。

次於海軍上將格勞號的第二大軍艦，是2500噸的巡防艦，總共有8艘魯波級（Lupo）和改良魯波級，雖然噸位小，但是搭載著127mm砲和海麻雀飛彈（魯波級）或鎖蛇（Aspide）防空飛彈（改良魯波級），還有搭載提修斯Teseo Mk.2反艦飛彈、以及魚雷等，算是重武裝軍艦。

祕魯擁有海軍特種部隊FOES。在1996年發生日本駐祕魯大使館人質事件時，FOES為中心的軍警發起「查文・德萬塔爾行動」（Chavín de Huántar），救出了71名人質，但是隊員有2人殉職。

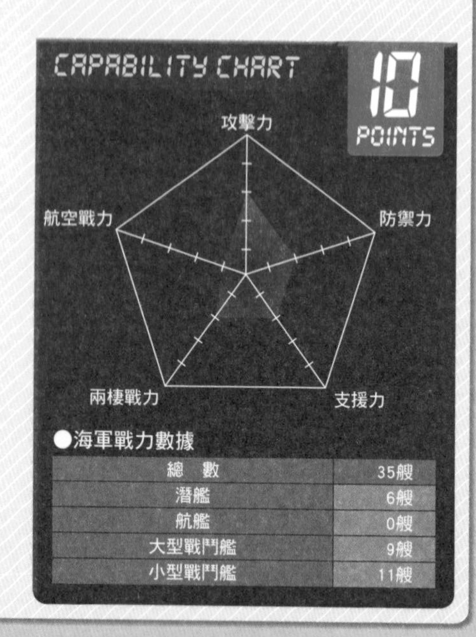

●海軍戰力數據

總　數	35艘
潛艦	6艘
航艦	0艘
大型戰鬥艦	9艘
小型戰鬥艦	11艘

海軍冷知識

祕魯海軍允許官兵在艦內飲用「皮斯可酒」，這是用祕魯原產葡萄汁為原料的蒸餾酒。在經歷長期訓練，即將返回港口的前一天，沒有當值的官兵會聚在一起喝酒到深夜。

1879年戰爭中，海軍喪失了領海

玻利維亞海軍部隊

Bolivian Naval Force

聖克魯斯級巡邏艇・聖克魯斯城號（Santa Cruz de la Sierra）。滿載排水量47噸，搭載2挺12.7mm機槍、2挺7.62mm機槍、60mm迫擊砲。

玻利維亞是個內陸國，不過，在的的喀喀湖和亞馬遜河支流一帶，與巴西和巴拉圭劃分出邊界線，因此需要成立海軍。但是回溯歷史，玻利維亞曾經是個面對太平洋、擁有正規海軍的國家。

可是從1879年到1884年，祕魯、智利、玻利維亞等國之間發生了「太平洋戰爭」（Guerra del Pacifico），在戰爭中，濱海省被智利奪走，此後，玻利維亞就成了內陸國，即使如此，海軍也沒有解散，因為內陸還是有河川湖泊構成的國界，需要部隊保護。

最大的艦艇是滿載排水量47噸、全長21m的聖克魯斯級（Santa Cruz）巡邏艇，艇上搭載12.7mm機槍和60mm迫擊砲。通常，在水上搖晃的海軍艦艇不會搭載迫擊砲，但是在河川和湖泊內，水面比較穩定，能夠做更為準確的射擊，還是具有威力的。

近年來，中國贈與數艘細節不詳的突擊用艦艇和18艘複合艇RHIB給玻利維亞。

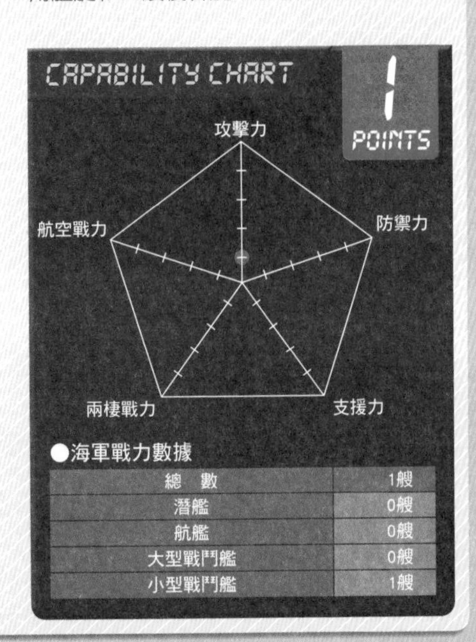

●海軍戰力數據

項目	數量
總　數	1艘
潛艦	0艘
航艦	0艘
大型戰鬥艦	0艘
小型戰鬥艦	1艘

海軍冷知識

海軍之中有600人規模的陸戰隊，使用8艘河川運輸艇載運，前往目的地。因為考慮到交戰時會有傷亡，所以還配備了河川醫療船。

軍艦的種類

現在的海軍，已經沒有「戰艦（Battleship）」這個艦種了。1991年，美國海軍讓愛荷華級戰艦密蘇里號除役之後，戰艦就此消失。對現代海軍來說，最大的艦種是「巡洋艦（Cruiser）」，其中最大的是俄羅斯海軍的飛彈巡洋艦基洛夫號，滿載排水量24690噸。至於配備了主砲的最大巡洋艦，則是祕魯的海軍上將格勞號，滿載排水量12165噸（也配備了飛彈）。

照輩分來說，「驅逐艦（Destroyer）」應該是巡洋艦之下的第二大艦種，但歐洲有些海軍已經不再使用「驅逐艦」這個名詞，而改稱為「巡防艦（Frigate）」。反之，巴基斯坦則是擅自變更艦種，把那些從英國引進的巡防艦改稱為「驅逐艦」，理由是「驅逐艦感覺比較強」。

至於比巡防艦更小一等的，則稱作「巡邏艦（Corvette）」。有些國家覺得國民難以理解「Corvette」這個分類，所以改稱為「Patrol Vessel（巡邏船）」，中國和韓國則是習慣用「護衛艦」來代表「Corvette」。就日本海上自衛隊的習慣來說，提到「護衛艦」則是指「DD」，也就是驅逐艦。

簡而言之，艦種的稱呼是依照各國的習慣而決定的，並沒有十分精準，能夠涵蓋所有國家的分類。

照片來源：柿谷哲也

靠泊在珍珠港當作博物館的原戰艦密蘇里號。

澳洲海軍巡防艦雪梨號（Sydney）
照片來源：澳洲海軍

Section 8

全球123國海軍戰力完整絕密收錄

大洋洲

大洋洲的安全保障領袖

澳大利亞海軍

Royal Australian Navy

海軍冷知識

澳洲的海上巡邏機其實是歸由空軍來指揮。配備有18架P-3C巡邏機的本國改良型AP-3C。曾經飛到日本，和日本海上自衛隊的P-3C部隊交流。

ANZAC級巡防艦ANZAC號。滿載排水量3759噸，搭載海麻雀防空飛彈。

澳大利亞（澳洲）海軍旗下有官兵13600人，以及大約50艘各式艦艇。其中有6艘柯林斯級（Collins）潛艦，自從公元2000年開始配備以來就問題不斷，花很多時間修理改造。幸好現在已經能從事正規的作戰行動，還曾經遠航到日本做交流訪問。

巡防艦之中，有4艘是阿得雷德級（Adelaide），經過現代化改良之後，增設了Mk.41 VLS，能夠搭載ESSM防空飛彈。不過原本艦上的SM-2標準防空飛彈和Mk.13發射器卻依舊保留，結果變成一艘軍艦可以運用兩種防空飛彈的奇特狀況。至於利用德國技術開發的ANZAC級巡防艦（MEKO 200型），是和紐西蘭共同開發完成，總共配備了8艘（ANZAC＝Australian and New Zealand Army Corps＝澳紐軍團）。

澳洲海軍現在正在籌備建造3艘神盾驅逐艦，由於預算被削減，因此和西班牙共

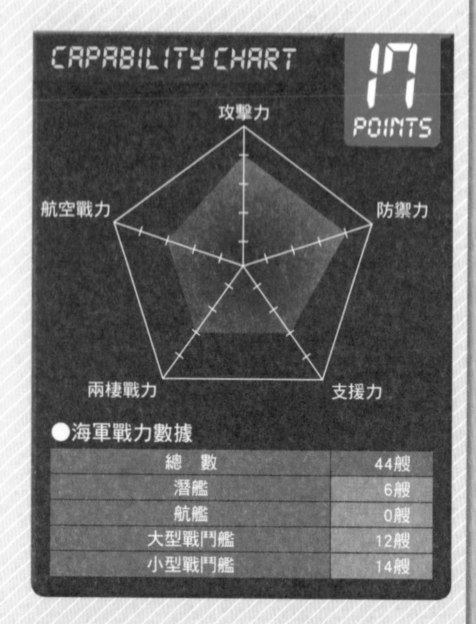

●海軍戰力數據

項目	數量
總　數	44艘
潛艦	6艘
航艦	0艘
大型戰鬥艦	12艘
小型戰鬥艦	14艘

阿得雷德級巡防艦雪梨號，配備SM-2和SM-1標準防空飛彈。

同開發。艦上將搭載SPY-1D（V）防空・多功能雷達，以及SM-2標準防空飛彈與Mk.41 VLS垂直發射系統，預定在2017年完工服役，此後，澳洲將成為世界第6個擁有神盾艦的國家。

現在建造中的坎培拉級（Canberra）兩棲艦，滿載排水量27500噸，全長230m，是備有全通甲板的兩棲突擊艦，艦上可搭載陸軍NH90與UH-60A直升機，以及虎式戰鬥直升機，而且艦上有提供1000名陸軍官兵居住的艙房。在艦艏設置了滑跳甲板，可是澳洲並沒有獵鷹式攻擊機或F-35B戰鬥機，因此推測將來會引進F-35B，才會建造滑跳甲板（註7）。

柯林斯級潛艦的後繼潛艦，一度盛傳將會選用日本海上自衛隊的蒼龍級潛艦的設計，並且使用絕氣推進系統（AIP）。若是達成協議，首艦將在日本建造，之後移到澳洲，由日本提供技術，在澳洲建造。無論是在日本造還是澳洲造，都會是二戰結束後，日本最大的一筆武器技術轉移業務（註8）。

大洋洲從地域來看並不歸屬於NATO或EU，不過澳洲海軍倒是經常派遣艦艇去NATO和EU的海域，另外，由於同樣屬於大英國協，也常和英國海軍、加拿大海軍交流。

有時，澳洲海軍會參與美國在中東地區的作戰任務。主要是海域監視和物資補給，不會投入對地攻擊。在東南亞地區和太平洋地區則是安全保障的中心，尤其是東帝汶獨立前（2002年），曾經派遣艦艇到該處海域，阻擋印尼海軍接近。獨立之後，則是為東帝汶海軍提供教育訓練。

照片來源：澳洲海軍

登陸艦喬勒斯號（Choules）。

海軍冷知識

澳洲海軍的航艦以前曾經多次訪問日本。從1951年至1954年，航艦雪梨號訪問吳港和佐世保。1958年到1970年時，則是由航艦墨爾本號訪問大阪和橫浜。

柯林斯級攻擊型潛艦。水中排水量3407噸，1993年起開始配備，總計6艘。

海軍冷知識

2001年，15個國家的59艘船艦都受邀參加聯邦2000年國際校閱典禮，當時海上自衛隊和各個參加國的艦艇正航向雪梨港時，突然爆發911恐怖攻擊事件，因此校閱典禮停辦，各國艦艇趕忙返國。

公元2000年瓜達康納爾島發生暴動，澳洲海軍曾派出登陸艦曼諾拉號（Manoora）前往。這類地區性的人道支援、災難救援任務都會看到他們出現。和日本則是維持著互補的經濟關係，聯手合作，強化安全保障，成為亞太地區的重要戰略伙伴。日本與澳洲的關係，僅次於「日美同盟」重要性可想而知。

搭建了CEAFAR桅杆的ANZAC級巡防艦伯斯號（Perth）。

多用途沿岸支援船海洋保護者號（Ocean Protector）。

阿米代爾級（Armidale）巡邏艇布魯姆號（Broome）。

海軍沒名氣，但強大的陸戰隊非常有名

東加王國國防軍海上部隊

Tonga Defence Services Maritime Force

太平洋級巡邏艇薩維亞號（Savea），搭載2挺12.7mm機槍。

海軍冷知識

東加國防軍海上部隊擁有1架畢琪（Beechcraft）H-18搜索救難機和1架單螺旋槳發動機雙座小飛機。這2架飛機都有相當的機齡了。

東加是個海島國家，在長600km、寬200km的海域裡，有172個島嶼。海軍戰力是東加國防軍調撥兵力組成的海上部隊。人員僅有125人，艦艇也只有5艘。1989年起，接受澳洲的援助，取得3艘太平洋級巡邏艇（滿載排水量165噸），艇上搭載2挺12.7mm機槍。這3艘巡邏艇都已經做過延壽工程，應該還能再用10年，還有1艘原澳洲陸軍的LCM8型登陸艇（116噸）。

東加國防軍轄下擁有陸戰隊，曾經隨同美國陸戰隊前往阿富汗和伊拉克，擁有許多實戰經驗，因此廣為人知。

不過，海上部隊的運輸手段並非使用小型LCM8。當海上部隊在國內島嶼間執行任務時，常常徵用民用船隻。幾年前海上部隊還持有1艘滿載排水量4050噸的補給艦，但無法確認現在是否還在服役，倘若還能運作，必定對運送陸戰隊有很大的幫助。

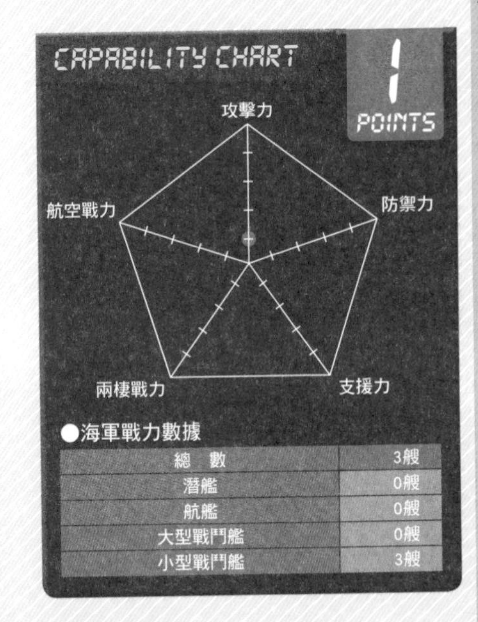

●海軍戰力數據

項目	數量
總　數	3艘
潛艦	0艘
航艦	0艘
大型戰鬥艦	0艘
小型戰鬥艦	3艘

抗拒美國的核武戰略，長期維持絕緣狀態

紐西蘭海軍

Royal New Zealand Navy

海軍冷知識

紐西蘭的海上巡邏機是交給空軍來運用，包括使用P-3C自行改良而成的P-3K、以及P-3K2巡邏機。巡邏機曾經訪問日本，與海上自衛隊的P-3C部隊交流。

照片來源：柿谷哲也

ANZAC級巡防艦提卡哈號（Te Kaha），1997年起開始服役。

紐西蘭海軍擁有官兵2150人、艦艇13艘。主力艦艇是ANZAC級巡防艦，滿載排水量3759噸，艦上搭載Mk.41 VLS和海麻雀防空飛彈，但是沒有反艦飛彈。

最新艦艇是排水量9012噸的多用途艦坎特伯里號（Canterbury），搭載25mm砲和12.7mm機槍，雖然兼具有巡邏艦功能，但主要任務還是在運輸地面部隊，帶有登陸艦的性格。備有泛水塢艙，能夠讓LCM登陸艇進出。

為了替海軍提供支援，紐西蘭配備了12589噸的補給艦奮進號（Endeavour）是該國海軍最大的艦艇。由於反對美國海軍的核武戰略，紐西蘭艦艇在1985年之後就不再參加RIMPAC演習，與美國海軍保持距離。

到了2012年，再度參加RIMPAC演習，但是不准停靠珍珠港，只能使用檀香山港。2013年，美國解除了海軍基地使用限制，因此RIMPAC 2014時又可以進入珍珠港的基地了。

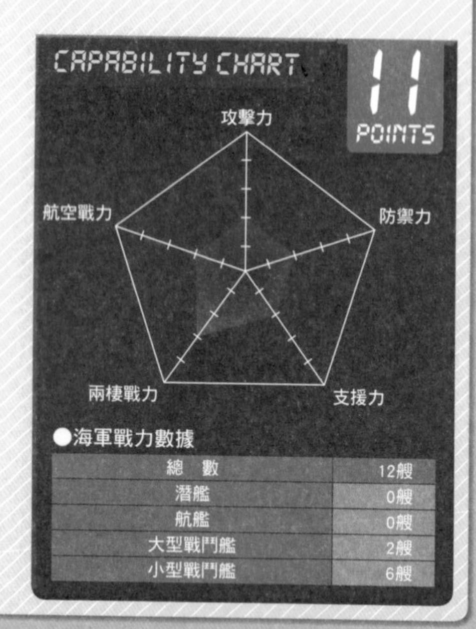

●海軍戰力數據

項目	數量
總 數	12艘
潛艦	0艘
航艦	0艘
大型戰鬥艦	2艘
小型戰鬥艦	6艘

主要任務是監視日本的捕鮪魚船

巴布亞新幾內亞國防軍海上作戰部隊

Papua New Guinea Defence Force Maritime Operations Element

太平洋級巡邏艇德瑞格號（Dreger）。搭載1門20mm砲、2挺7.62mm機槍。

海軍冷知識

巴布亞新幾內亞海上部隊為了加強和澳洲之間的關係，曾經派遣巡邏艇遠航3000km，去參加澳洲的國際艦艇校閱典禮（1988年和2013年）。

巴布亞新幾內亞國防軍的旗下擁有海上作戰部隊，維持著200名人員、4艘艦艇的海軍戰力。1987年在澳洲政府的援助下，取得了4艘太平洋級巡邏艇（滿載排水量165噸），海上部隊的主力。每艘巡邏艇都搭載了1門20mm砲、2挺7.62mm機槍，而且4艘都做過了延壽工程。

同樣的，在1975年時由澳洲提供的原澳洲海軍2艘巴里把板級（Balikpapan）登陸艇（511噸），在1986年完成延壽工程。不過，這2艘在2012年以後就沒有再運作，有可能是封存備役，也可能是已經除役。

巡邏艇的任務是監視日本捕鮪魚船有沒有非法捕撈。巴布亞新幾內亞的周邊海域有大量鮪魚巡遊，所以每天都有日本的捕鮪魚船前來，得到許可之後開始作業。但還是會查獲一些非法漁船，漁船隊每年都得交出16億美元左右的罰金。

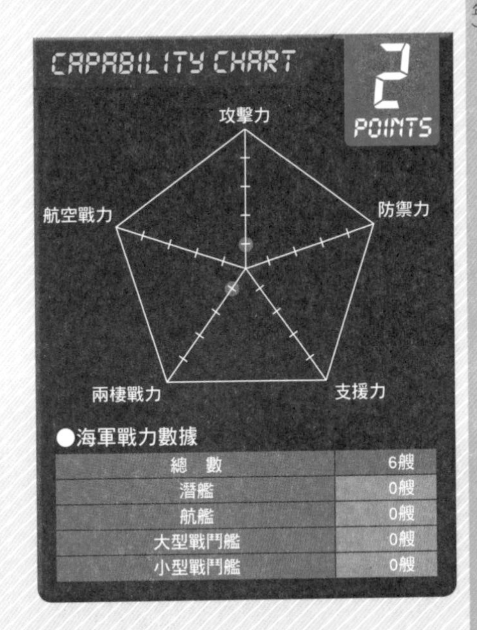

●海軍戰力數據

總　數	6艘
潛艦	0艘
航艦	0艘
大型戰鬥艦	0艘
小型戰鬥艦	0艘

2006年建立軍事政權，與中國加強關係

斐濟海軍

Fiji Navy

海軍冷知識

世界上有不少軍事政權，如埃及和泰國等，雖然是以軍方為基礎，但是政府裡還是有許多文官出身的人。只有斐濟是全球唯一一個全軍事政權國家。

萊武卡級巡邏艇勞托卡號（Lautoka）。

斐濟海軍擁有兵員300人和5艘艦艇。2006年政變後，斐濟成為軍事政權，2009年的民主選舉也沒能成形，從此被大英國協斷絕加盟關係，取而代之的是和中國的關係強化。中國協助斐濟整建港灣，提供經濟援助，與斐濟軍政府拉近關係，但目前不確定有沒有提供艦艇。

1972年時，在斐濟南方400km處，有個歸屬於東加領土的米涅瓦環礁，斐濟派兵登陸加以占領，主張所有權。但米涅瓦獨立派也宣稱該地是國土，混亂局勢至今仍未有結果。

斐濟海軍現有的船艦是來自美國企業的海上鑽油平台用小艇，被改造成巡邏艇。1987年引進2艘萊武卡級（Levuka）巡邏艇（滿載排水量99噸），搭載12.7mm機槍。1994年時澳洲援助提供3艘太平洋級巡邏艇（165噸）。至於中國會不會提供足以接替這2級的小艇呢？全球都在觀望。

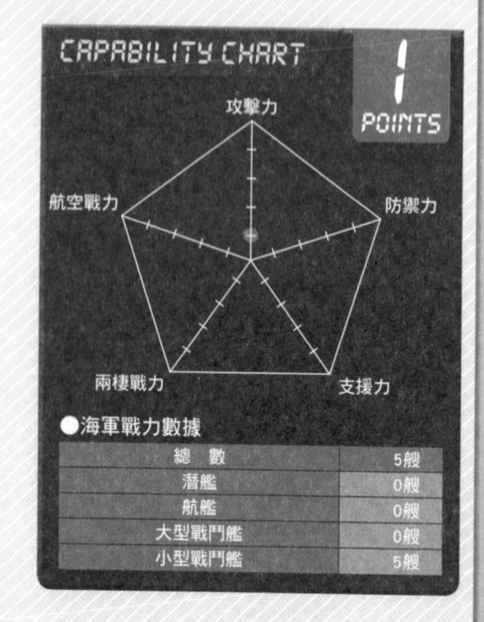

●海軍戰力數據

總　數	5艘
潛艦	0艘
航艦	0艘
大型戰鬥艦	0艘
小型戰鬥艦	5艘

海軍陸戰隊·海軍步兵

海軍的任務之一，是運送地面部隊並提供支援。一旦爆發戰爭、或是需要執行救難任務時，需要使用海軍艦艇把地面部隊的人員與車輛送到目的地的海岸。所以很多海軍會配備登陸艦艇，有些海軍轄下則是直接編制了地面部隊。

海軍的地面部隊稱為「陸戰隊」或「海軍步兵」。世界規模最大的海軍陸戰隊是美國海軍陸戰隊，而且是獨立的軍種。有些國家的陸軍和海軍聯繫運用效率很好，就不需要海軍陸戰隊，而是由海軍登陸艦載運陸軍部隊航行，澳洲陸軍和加拿大陸軍就是如此。

在亞洲，韓國、印尼、菲律賓的海軍陸戰隊都頗具規模，而且實戰經驗相當豐富。日本的海上自衛隊組織裡，並沒有陸戰隊或是海軍步兵的單位，所以陸上自衛隊要跨海移動時，必須搭乘海上自衛隊的運輸艦（也就是登陸艦）。為了因應近幾年來周邊國家的局勢變化，當局計畫要在平成30年度（2018年）之前完成陸上自衛隊「水陸機動團」的編組，由現在的西部方面普通科連隊構成水陸機動團的基礎第一連隊。水陸機動團的指揮中心，將會設在海上自衛隊的運輸艦，還有即將建造的大型船塢登陸艦上。

照片來源：美國海軍

美國海軍登陸艦綠灣號（Green Bay）上搭載的陸戰隊水陸兩棲裝甲戰鬥車AAV。

海上自衛隊沒有陸戰隊，所以陸上自衛隊西部方面普通科連隊要兼任陸戰隊的角色。

搭乘海軍艦艇抵達目的地的陸軍部隊，在海濱灘頭進行戰鬥，名為「兩棲作戰」、「兩棲戰鬥」或「登陸作戰」。以美國海軍和陸戰隊的兩棲作戰為例，他們會派遣數艘兩棲突擊艦、船塢登陸艦等登陸艦艇，在驅逐艦等戰鬥艦的保護下接近目標海岸線。接著，登陸艦艇會出動十幾輛水陸兩棲裝甲車（AAV）登陸。而從兩棲突擊艦上起飛的AV-8B攻擊機、F-35B戰鬥機，則是負責在登陸地點一帶的上空警戒，或是提供對地火力支援，此時，再由MV-22B鶚式、CH-53E大型直升機等載具，將兵員、火砲、車輛垂降在海岸的據點。從登陸艦出動的小型多用途登陸艇LCU、氣墊登陸艇LCAC，能夠將車輛運送到岸邊。附帶一提，LCAC的載重能力佳，運送M1A1戰車也不成問題。

美國陸戰隊藉著靈活運用海軍艦艇的運輸力，可以在極短的時間內投入大量部隊和武器，所以從戰爭爆發時就能迅速進入戰場，並且持續作戰。

不過，能像上述那樣靈活的調度兵員、車輛、武器，甚至是派遣直升機、攻擊機等軍用機的陸戰隊，全世界只有美國擁有。有了這樣的能力，當發生大規模自然災難、或是有人道支援任務時，也能迅速投入陸戰隊。

★★★★★ 全球海軍戰力排名！BEST10發表

下方圖表是根據獨家蒐集的資料來製作海軍主要艦種的持有數量排名。大多數國家會把舊式艦艇列為除役或刪除艦籍，但是北韓和中國還是有許多舊式艦艇。雖然許多國家配備了為數不少的登陸艇，但等級達到「登陸艦」的大型艦（1000噸以上）卻出奇地少。

艦艇總數BEST10

順位	國名	總數
1	中國	891
2	北韓	766
3	俄羅斯	533
4	美國	486
5	台灣	287
6	印尼	203
7	韓國	196
8	土耳其	187
9	泰國	168
10	伊朗	157

潛艇潛艦數BEST10

順位	國名	總數
1	北韓	85
2	美國	72
3	俄羅斯	65
4	中國	63
5	伊朗	20
6	日本	16
7	韓國	14
7	土耳其	14
7	印度	14
10	英國	11

航艦總數BEST10

順位	國名	總數
1	美國	10
2	印度	2
2	義大利	2
4	中國	1
4	俄羅斯	1
4	泰國	1
4	法國	1
4	英國	1
4	巴西	1

＊擁有航艦的國家只有9個。

驅逐艦、巡防艦數BEST10

順位	國名	總數
1	中國	77
1	美國	77
3	日本	47
4	俄羅斯	45
5	法國	32
6	台灣	26
7	印度	23
8	韓國	22
9	英國	19
10	義大利	17

快艇、巡邏艇數BEST10

順位	國名	總數
1	北韓	381
2	中國	219
3	緬甸	86
4	伊朗	85
5	韓國	84
6	斯里蘭卡	75
7	泰國	64
8	埃及	55
9	印尼	54
10	土耳其	53

登陸艦數BEST10

順位	國名	總數
1	美國	33
2	印尼	25
3	俄羅斯	19
4	法國	9
5	伊朗	6
5	英國	6
5	菲律賓	6
8	土耳其	5
8	希臘	5
8	越南	5

＊持有數量相同的情況下，以艦種總數多的國家排在上方。

海軍與海岸防衛隊

在日本，隸屬國防機關的海上自衛隊和隸屬警察機關的海上保安廳，是完全不同的組織。但在世界上，有些國家的海軍組織底下也設有「海岸防衛隊」、「國境警備隊」、「海上警察」這類的警察執法單位。也有像英國海軍那樣本身具有執法權力，而急難救助或海上消防活動則是由不同單位的海岸防衛隊執行。美國海軍、俄羅斯海軍、印度海軍、巴基斯坦海軍，在戰爭爆發時才會把海岸防衛隊、國境警備隊納入海軍指揮之下。而這些國家海岸防衛隊的艦艇，通常也會配備威力強大的武器。俄羅斯的國境警備隊是完全違反了警察的比例原則，甚至配備了反艦飛彈和魚雷等的武器，警艇足以和軍艦相提並論。

日本海上保安廳擁有世界最大的巡視船敷島級（排水量7,175噸），噸位和海軍的驅逐艦相等，雖然艦上搭載的35mm雙聯裝機砲和其他國家一樣，但是實彈裝填的火藥威力卻明顯少很多。這是因為海上保安廳的權責不是擊沉船艦，而是搜查和逮捕。除了本書中介紹的國家之外，還有些小國因為不具備組織海軍的能力，所以是由海岸防衛隊來兼任海軍。也有像密克羅尼西亞聯邦這種小國，本身沒有海軍，而是根據自由聯合盟約，投靠在美國海軍的保護傘下。

照片來源：柿谷哲也

密克羅尼西亞聯邦的海上警察巡邏艇。船上沒有武裝，只有警察攜帶的輕武器。

追蹤彈道飛彈專用的情報蒐集艦

所謂的海軍戰力，不只有攻擊武器和防禦武器，還包括情報蒐集在內，也就是能夠運用在國家的戰略和軍事作戰上面的偵搜能力。美國海軍的飛彈觀測艦之中，也有專門蒐集情報，在戰略上地位非常特殊的船艦。觀察島號（Observation Island）飛彈觀測艦從1977年起就在遠東海域活動，負責監視蘇聯（俄羅斯）、中國、北韓、巴基斯坦、印度、伊朗等國家所試射及發射訓練用的彈道飛彈，平日則是停靠在橫濱港、佐世保港，就像是以它們為母港。每次只要北韓進行飛彈試射，這艘觀測艦就會登上媒體，因此而出名。

由於船體老舊，從2014年起，改由後繼的飛彈觀測艦霍華．勞倫森號（Howard O. Lorenzen）取代。艦尾配備的兩座巨大雷達，就是用來追蹤飛行中的彈道飛彈。這些觀察所得的資訊，對於如何攔截飛彈非常重要。因為運用方式是極機密中的極機密，第7艦隊情報部及派遣飛彈監視偵察機的美國空軍，都參與其中，而且艦上不只有海軍，還有空軍、飛彈防衛局、情報局的人員在場。

照片來源：柿谷哲也

2014年9月4日，首次在橫浜靠岸的新型飛彈觀測艦霍華．勞倫森號。

國家圖書館出版品預行編目資料CIP

世界海軍圖鑑：全球123國海軍戰力完整絕密收錄！/柿谷哲也著；許嘉祥譯.-- 初版. -- 新北市：大風文創股份有限公司, 2021.01
面；公分. -- (軍事館；5)
ISBN 978-986-99622-1-6(平裝)

1.海軍

597　　109017969

軍事館 005

世界海軍圖鑑：全球123國海軍戰力完整絕密收錄！

作者／柿谷哲也
譯者／許嘉祥
審訂／宋玉寧
主編／王瀅晴
美術設計／亞樂設計有限公司
排　　版／林鳳鳳
出版企劃／月之海
發行人／張英利
行銷發行／大風文創股份有限公司
電話／(02)2218-0701　傳真／(02)2218-0704
E-mail／rphsale@gmail.com
Facebook／大風文創粉絲團
www.facebook.com/windwindinternational
地址／231新北市新店區中正路499號4樓

台灣地區總經銷／聯合發行股份有限公司
電話／(02)2917-8022
傳真／(02)2915-6276
地址／231新北市新店區寶橋路235巷6弄6號2樓

港澳地區總經銷／豐達出版發行有限公司
電話／(852)2172-6513　傳真／(852)2172-4355
E-mail／cary@subseasy.com.hk
地址／香港柴灣永泰道70號柴灣工業城第二期1805室

ISBN／978-986-99622-1-6
初版一刷／2021.01
定價／新台幣380元

【附錄】

P21

註1　DDH指的是直升機驅逐艦。

註2　DDG指的是飛彈驅逐艦。

P22

註3　DD指的是驅逐艦。

P33

註4　康定級共有6艘，另有成功級巡防艦8艘、濟陽級巡防艦6艘，以及2017年5月接收的派里級巡防艦2艘。

註5　海軍陸戰隊的M41戰車已除役。

P135

註6　將反潛火箭當作反艦火箭運用，應是利用反潛火箭上的魚雷攻擊水面軍艦。

P181

註7　2 艘坎培拉級已服役。

註8　蒼龍級已確定落選。